"做中学 学中做" 系列教材

Photoshop CS6
案例教程

◎ 刘东晓　郑　睿　马传连　主　编
◎ 于志博　屈忠阳　李振华　副主编

U0256608

电子工业出版社

Publishing House of Electronics Industry

北京·BEIJING

内 容 简 介

本书是图形图像处理软件 Photoshop CS6 的基础实用教程，通过 11 个模块、49 个具体的实用项目，对初识 Photoshop CS6、创建与编辑选区、绘制图像、图像的色彩和色调调整、编辑与修饰图像、图层、路径与文字、通道与蒙版、滤镜、3D 与动画设计等内容进行了较全面的介绍，并通过综合案例实训，使读者通过本书轻松愉快地掌握 Photoshop 软件的操作与技能。

本书以大量的图示、清晰的操作步骤，剖析了使用 Photoshop 软件的过程，既可作为高职院校、中职学校计算机相关专业的基础课程教材，也可作为计算机及信息高新技术考试、计算机等级考试、计算机应用能力考试等认证培训班的教材，还可作为 Photoshop 软件初学者的自学教程。

图书在版编目（CIP）数据

Photoshop CS6 案例教程 / 刘东晓，郑睿，马传连主编．—北京：电子工业出版社，2016.3
"做中学 学中做"系列教材

ISBN 978-7-121-27904-1

Ⅰ．①P…　Ⅱ．①刘…　②郑…　③马…　Ⅲ．①图像处理软件—中等专业学校—教材　Ⅳ．①TP391.41

中国版本图书馆 CIP 数据核字（2015）第 307502 号

策划编辑：杨　波
责任编辑：徐　萍
印　　刷：中国电影出版社印刷厂
装　　订：中国电影出版社印刷厂
出版发行：电子工业出版社
　　　　　北京市海淀区万寿路 173 信箱　邮编　100036
开　　本：787×1 092　1/16　印张：15　字数：413 千字
版　　次：2016 年 3 月第 1 版
印　　次：2024 年 8 月第 13 次印刷
定　　价：48.00 元

前　言

陶行知先生曾提出"教学做合一"的理论，该理论十分重视"做"在教学中的作用，认为"要想教得好，学得好，就须做得好"。这就是被广泛应用在教育领域的"做中学，学中做"理论，实践能力不是通过书本知识的传递来获得发展，而是通过学生自主地运用多样的活动方式和方法，尝试性地解决问题来获得发展的。从这个意义上看，综合实践活动的实施过程，就是学生围绕实际行动的活动任务进行方法实践的过程，是发展学生的实践能力和基本"职业能力"的内在驱动。

探索、完善和推行"做中学，学中做"的课堂教学模式，是各级各类职业院校发挥职业教育课堂教学作用的关键，既强调学生在实践中的感悟，也强调学生能将自己所学的知识应用到实践之中，让课堂教学更加贴近实际、贴近学生、贴近生活、贴近职业。

本书从自学与教学的实用性、易用性出发，通过具体的行业应用案例，在介绍 Photoshop CS6 各项功能的同时，重点说明 Photoshop 软件功能与实际应用的内在联系；重点遵循 Photoshop 软件使用人员日常事务处理规则和工作流程，帮助读者更加有序地处理日常工作，达到高效率、高质量和低成本的目的。这样，以典型的行业应用案例为出发点，贯彻知识要点，由简到难，易学易用，让读者在做中学，在学中做，学做结合，知行合一。

◇　编写体例特点

【你知道吗】（引入学习内容）——【应用场景】（案例的应用范围）——【相关文件模板】（提供常用的文件模板）——【背景知识】（对案例的特点进行分析）——【设计思路】（对案例的设计进行分析）——【做一做】（做中学，学中做）——【项目拓展】（类似案例，举一反三）——【知识拓展】（对前面知识点进行补充）——【课后练习与指导】（代表性、操作性、实用性）。

在讲解过程中，如果遇到一些使用工具的技巧和诀窍，以"教你一招"、"小提示"的形式加深读者印象，这样既增长了知识，同时也增强了学习的趣味性。

◇　本书内容

本书是图形图像处理软件 Photoshop CS6 的基础实用教程，通过 11 个模块、49 个具体的实用项目，对初识 Photoshop CS6、创建与编辑选区、绘制图像、图像的色彩和色调调整、编辑与修饰图像、图层、路径与文字、通道与蒙版、滤镜、3D 与动画设计等内容进行了较全面的介绍，并通过综合案例实训，使读者通过本书轻松愉快地掌握 Photoshop 软件的操作与技能。

本书以大量的图示、清晰的操作步骤，剖析了使用 Photoshop 软件的过程，既可作为高职院校、中职学校计算机相关专业的基础课程教材，也可作为计算机及信息高新技术考试、计算机等级考试、计算机应用能力考试等认证培训班的教材，还可作为 Photoshop 软件初学者的自学教程。

◇ 本书主编

本书由刘东晓、郑睿、马传连主编，于志博、屈忠阳、李振华为副主编，王大印、严敏、郑刚、吴鸿飞、黄丹丹、王国仁、李德清、禤圆华、韩忠、罗益才、邓国俊、甘棉、兰翔、魏坤莲、黄世芝、王少炳参与编写。一些职业学校的老师参与试教和修改工作，在此表示衷心的感谢。由于编者水平有限，难免有错误和不妥之处，恳请广大读者批评指正。

◇ 课时分配

本书各模块教学内容和课时分配建议如下：

模　块	课　程　内　容	知 识 讲 解	学生动手实践	合　　计
01	初识 Photoshop CS6	2	2	4
02	创建与编辑选区	2	2	4
03	绘制图像	2	2	4
04	图像的色彩和色调调整	2	2	4
05	编辑与修饰图像	2	2	4
06	图层	4	4	8
07	路径与文字	4	4	8
08	通道与蒙版	4	4	8
09	滤镜	4	4	8
10	3D 与动画设计	2	2	4
11	综合案例实训	4	4	8
总计		32	32	64

注：本课程按照 64 课时设计，授课与上机按照 1∶1 分配，课后练习可另外安排课时。课时分配仅供参考，教学中请根据各自学校的具体情况进行调整。

◇ 教学资源

请有此需要的读者登录华信教育资源网免费注册后进行下载，有问题时请在网站留言板留言或与电子工业出版社联系。还可以与本书编者联系，获取相关共享的教学资源。

编　者

目　录

Ⅴ

你知道吗

Photoshop 是由 Adobe 公司开发的功能十分强大的图像处理软件，也是迄今为止世界上最畅销的图像编辑软件，深受图像处理爱好者和平面设计人员的喜爱。用途之广使它日渐成为我们身边必不可少的工具。

目前市面上最流行的版本是 Photoshop CS6。"工欲善其事，必先利其器"，学好它首先要认识它的工作界面，熟悉界面的基本操作，还要对图形图像处理的基本知识有一定的了解，做好这些基本工作将会为后面的学习打下坚实的基础。

学习目标

- 认识 Photoshop CS6 的工作界面
- 能够灵活调整及复位工作界面
- 熟悉 Photoshop CS6 的基本操作
- 了解图像处理的基本知识

项目任务 1-1 ▶ 工作界面介绍

探索时间

Photoshop CS6 的工作界面由哪几部分构成？各个部分的主要功能是什么？它的界面显示是否唯一？小明是 Photoshop CS6 的初学者，在关闭文件时不小心把工具栏删掉了，他该怎么办？

动手做 1　认识 Photoshop CS6 的工作界面

启动 Photoshop CS6 之后，屏幕将显示如图 1-1 所示的工作界面。熟悉工作界面的各项功能是学习 Photoshop CS6 的基础。Photoshop CS6 的工作界面主要由菜单栏、属性栏、工具箱、工作窗口、面板组和状态栏组成。

菜单栏 ——
属性栏 ——

工具箱 ——

—— 面板组

—— 工作窗口

状态栏

※ 图 1-1　工作界面

1. 菜单栏

菜单栏包含了操作时所需的全部命令，每个菜单选项下都有多个菜单命令，单击带 ▶ 符号的命令，就会弹出关联菜单（如图 1-2 所示），可以很方便地根据需要选择相应的指令。各个菜单的主要作用如下。

※ 图 1-2　关联菜单

文件：用于打开、新建、关闭、存储、导入、导出和打印文件。

编辑：用于对图像进行撤销、剪切、复制、粘贴、清除以及定义画笔等编辑操作，并可进行一些系统优化设置。

图像：用于调整图像的色彩模式、图像的色彩和色调、图像和画布尺寸以及旋转画布等。

图层：用于对图层进行控制和编辑，包括新建图层、复制图层、删除图层、栅格化图层、添加图层样式、添加图层蒙版、链接和合并图层等。

文字：用于添加文字信息、创建段落文字、编辑段落文字等。

选择：用于创建图像选择区域和对选区进行羽化、存储和变换等编辑操作。

滤镜：用于添加杂色、扭曲、模糊、渲染、纹理和艺术效果等滤镜效果。

3D： 用于进行三维图像的编辑处理。

视图： 用于控制图像显示的比例，以及显示或隐藏标尺和网格等。

窗口： 用于对工作界面进行调整，包括隐藏和显示图层面板等。

帮助： 用于提供使用 Photoshop CS6 的各种帮助信息。

2．属性栏

属性栏如图 1-3 所示，是工具箱中各个工具的扩张功能，用于对当前工具的属性进行设置。当用户从工具箱中选择了某个工具后，属性栏就会随着当前工具显示相应的工具属性参数。通过在工具栏中设置不同的选项，可以快速地完成多样化的操作。

※图 1-3　属性栏

3．工具箱

Photoshop CS6 的工具箱位于工作界面的左边，通过拖动其顶部可以将它拖放到工作界面的任何位置。它集合了图像处理过程中使用最频繁的工具，使用这些工具可以进行图像的绘制、观察、测量等操作。Photoshop CS6 默认以单列显示工具箱，单击顶部的折叠按钮 ▶▶ 可以进行单双列自由变换。

4．工作窗口

工作窗口显示当前操作的文档，Photoshop 的所有操作都在此进行。窗口的标题栏主要显示当前操作文件的文件名、显示比例及图像色彩模式等信息。

5．面板组

通常情况下 Photoshop CS6 的面板放在界面的右边，它是工作界面一个非常重要的组成部分。默认状态下，Photoshop CS6 显示 4 个面板组，每组由 2～3 个面板组成。单击面板左上角的扩展按钮 ◀◀，可以打开隐藏的面板组（如图 1-4 所示），再次单击可以将其还原为最简洁的显示方式。

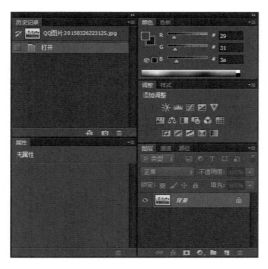

※图 1-4　打开隐藏的面板组

6. 状态栏

状态栏在图像窗口的底部，用来显示当前打开文件的一些信息，如显示比例、文档大小等。

提示

当菜单命令后面显示有省略号 "…" 时，如图 1-5 所示，表示单击此菜单，可以弹出相应的对话框，如图 1-6 所示，可以在对话框中进行相应的参数设置。

※ 图 1-5　带省略号的菜单命令

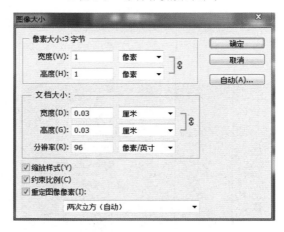

※ 如图 1-6　参数设置对话框

提示

工具箱中部分工具按钮的右下角带有黑色小三角形标记，表示这是一个工具组，其中隐藏多个子工具。在该工具按钮上按住鼠标左键不放或单击右键可展开隐藏工具。

∷ 动手做 2　灵活调整 Photoshop CS6 的工作界面

在对图像文件进行操作时，为了方便可以灵活调节 Photoshop CS6 的工具栏和面板组的位置，具体操作方法为：

（1）在需要移动的界面顶部按下鼠标左键，如图 1-7 所示。

（2）按住鼠标左键不放，将其拖动至任意位置松开，如图 1-8 所示。

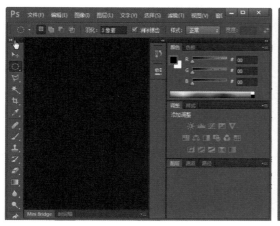

∷ 图 1-7　原始位置

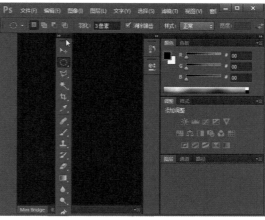

∷ 图 1-8　移动后的位置

∷ 动手做 3　复位 Photoshop CS6 的工作界面

在菜单栏中执行窗口→工作区→复位基本功能命令，如图 1-9 所示，即复位工作界面。

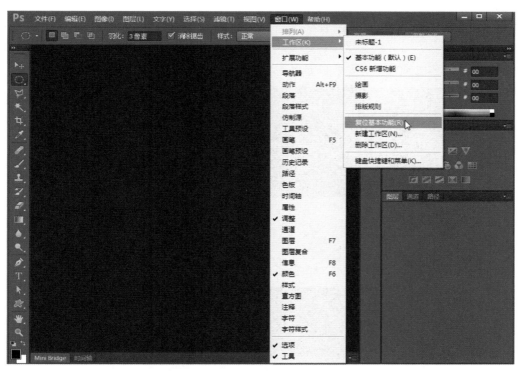

∷ 图 1-9　复位工作界面操作

项目任务 1-2 图像文件的基本操作

探索时间

在关闭图像文件时，小明习惯性地单击了 Photoshop CS6 软件右上角的关闭按钮，他这样做对吗？关闭应用软件来关闭图像文件和只关闭图像文件有差别吗？

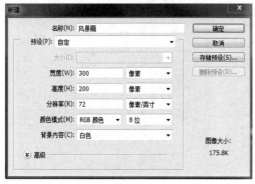

※ 图 1-10 新建对话框

※ 动手做 1 新建图像

在实际应用中，为了在一个空白的图像上画图，用户常需要新建各种图像进行编辑，并为新建的图像文件设置名称、高度、分辨率、颜色模式等信息。下面我们一起在 Photoshop CS6 中新建一个名为"风景画"的操作文件，具体步骤如下：

（1）启动 Photoshop CS6，选择文件→新建菜单命令或按 Ctrl+N 组合键，打开新建对话框，如图 1-10 所示，在名称文本框中输入文件名"风景画"，在预设下拉列表框里选择自定选项。

（2）在宽度和高度下拉列表框中选择像素，在宽度和高度文本框中分别输入"300"和"200"。

（3）设定图像的分辨率为 72 像素/英寸。

（4）在颜色模式下拉列表框中选择 CMYK 颜色。

（5）在背景内容下拉列表框中选择白色，单击 确定 按钮。

（6）返回 Photoshop CS6 工作界面，此时系统将根据前面的设置新建一个图像文件，至此便完成了新建文件的操作，如图 1-11 所示。

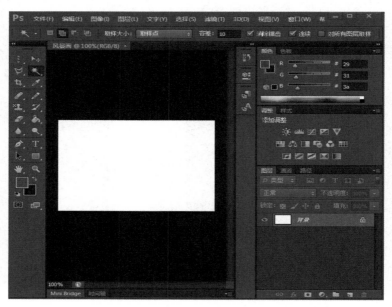

※ 图 1-11 新建文件

※ 动手做 2　打开图像

在对照片或图片进行处理或对已存在的文件进行编辑之前，需先打开该图像文件，打开的方法有以下几种。

● 打开最常用的图像文件

（1）选择文件→打开命令或按 Ctrl+O 组合键，打开打开对话框，如图 1-12 所示。

（2）在查找范围下拉列表框中查找图像文件所存放的位置；在文件类型下拉列表框中选择要打开的图像文件格式，如 JPEG 格式。如选择 JPEG 格式，如图 1-13 所示，JPEG 格式的图片就会显示在对话框中。若选择"所有格式"选项，此时在对话框中会显示全部图像文件。

※ 图 1-12　打开对话框

※ 图 1-13　选择格式

（3）选中要打开的图像文件，单击打开按钮。

● 打开最近使用过的文件

当用户在 Photoshop 中保存文件并打开文件后，在文件→最近打开文件子菜单中，如图 1-14 所示，就会显示以前编辑过的图像文件。因此，利用文件→最近打开文件子菜单中的文件列表就可以快速打开最近使用过的文件。

● 使用新增的在 Mini Bridge 中浏览命令打开图像

（1）选择文件→在 Mini Bridge 中浏览

※ 图 1-14　选择最近打开的文件

命令，打开 Mini Bridge 窗口，如图 1-15 所示。

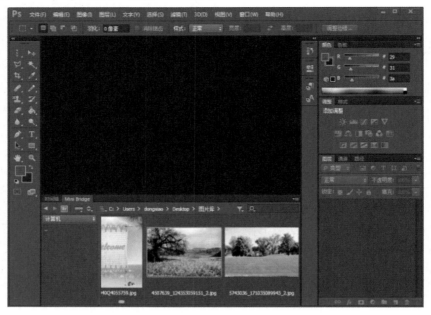

※ 图 1-15　显示文件夹中的图像文件

（2）在窗口左侧的下拉列表框中找到存放图像文件夹的路径，打开存放图像的文件夹，就会显示出文件夹中的图像文件，如图 1-16 所示。

※ 图 1-16　打开文件

（3）在缩览图窗口中选中需要打开的图像文件，在图像缩览图上双击即可将文件打开。

※ 动手做 3　保存图像

当我们完成对图像的一系列编辑操作后，就需要对文件进行保存，以免发生意外情况造成丢失。保存图像文件的方法有许多种，一般来说最常见的有以下几种。

● 存储新的图像文件

保存一个新的图像文件，方法如下：

（1）选择文件→存储命令或按 Ctrl+S 组合键。

（2）打开如图 1-17 所示存储为对话框，选择存放文件的位置，在文件名下拉列表框中输入新文件的名称，在格式下拉列表框中选择所要保存的文件格式。

（3）单击保存按钮就可以完成新图像文件的保存。

● 直接存储图像文件

在 Photoshop 中打开已有的图像文

※ 图 1-17　在存储为对话框中保存文件

件，并对其进行了部分内容的修改，且想保存到原文件位置并覆盖原文件，可以使用文件→存储命令或按 Ctrl+S 组合键。

● 将文件保存为其他图像格式

Photoshop CS6 所支持的多种图像格式之间可以用 Photoshop 来转换，操作方法如下：

（1）打开要转换格式的图像，选择文件→存储为命令或按 Shift+Ctrl+S 组合键，打开存储为对话框，如图 1-18 所示。

※ 图 1-18　打开存储为对话框

（2）在存储为对话框中设置文件保存位置、文件名，并在格式下拉列表框中选择一种图像

格式，如选择 JPEG。

（3）单击保存按钮就可以完成其他格式图像文件的保存。

 动手做 4　关闭图像

当图像编辑完成后，需要关闭图像，有以下几种方法：

- 单击图像窗口标题栏右侧的关闭按钮。
- 选择文件→关闭命令或按 Ctrl+W 组合键。
- 按 Ctrl+F4 组合键。
- 双击图像窗口标题栏左侧的图标。
- 如果用户打开了多个图像窗口，并想将它们全部关闭，可以选择文件→全部关闭命令或按 Alt+Ctrl+W 组合键。

> **提示**
>
> 通过关闭应用软件来关闭图像文件和只关闭图像文件不是一回事，只关闭图像文件软件还在运行，再打开新的文件时可以省去软件启动的时间。

项目任务 1-3 ▶ 图像处理的基础知识——位图与矢量图

探索时间

在日常生活中，我们经常会发现有些图片放大之后变得模糊不清，而有些图片不管怎么缩放都很清晰，你知道这是为什么吗？

位图与矢量图是计算机领域中图像的两大主要类型，它们被广泛用于出版、印刷、互联网等各个方面，有各自的优缺点，在应用中各显其能，平分秋色。下面将对这两种图形逐一进行介绍。

 动手做 1　认识位图

位图图像又称点阵图像，是由称作像素的单个点组成的，像素点越多，图像越清晰。不同的像素点以不同的颜色和排列构成了完整的图像。每个像素有自己的颜色信息，在对位图图像进行编辑操作的时候，可操作的对象是每个像素，我们可以改变图像的色相、饱和度、明度，从而改变图像的显示效果。

位图可以记录每一点的数据信息，因而可以表现色彩色调的细微变化，表达出丰富的图像效果。当放大位图图像时，可以看见构成整个图像的无数个方块。扩大位图尺寸的效果就是增大图像的单个像素，单个像素点扩大到一定程度时，图像就会失真，边缘出现锯齿，如图 1-19、图 1-20 所示。

Adobe Photoshop 属于位图式的图像软件，用它保存的图像都是位

≫ 图 1-19　位图原图像

≫ 图 1-20　位图放大后效果

图式图像，但它能够与其他矢量图像软件交换文件，且可以打开矢量式图像。在制作 Photoshop 图像时，像素的数目和密度越高，图像就越逼真。记录每一个像素或色彩所使用的位的数量，决定了它可能表现出的色彩范围。

❖ 动手做 2 认识矢量图

矢量图使用直线和曲线来描述图形，这些图形的元素是一些点、线、矩形、多边形、圆和弧线等，它们都是通过数学的向量方式进行计算得到的图形。这类图形的线条非常光滑、流畅，可以任意地进行放大、缩小或旋转等操作，图形都不会失真。如图 1-21、图 1-22 所示。这类图形所占的空间要比位图小很多，但这种图像有一个缺点，即不易制作色调丰富或色彩变化太多的图像，而且绘制出来的图形不是很逼真，无法像照片一样精确地描述自然界的景观，同时也不易在不同的软件间交换文件。

❖ 图 1-21 矢量图原图像　　　　　　　　　❖ 图 1-22 矢量图放大后效果

设计行业常用的制作矢量式图像的软件有 FreeHand、Illustrator、CorelDRAW、AutoCAD 等。美工插图与工程绘图多数在矢量式软件上进行，企业、事业单位也常用矢量图来做图标、logo 等。

项目任务 1-4 ▶ 图像处理的基础知识——像素与分辨率

探索时间

像素和分辨率与图像文件的大小和质量有关，你知道怎样拍出高清晰度的照片吗？

❖ 动手做 1 认识像素

像素是指组成位图图像的最基本元素，是构成图像的最小单位，它的形态是一个小方点。每一个像素都有自己的位置，并记载着图像的数据信息，每一个像素只显示一种颜色。一个图像包含的像素越多，颜色信息就越丰富，图像效果也会更好，但文件也会随之增大。

像素可以用一个数表示，如一个"0.3 兆像素"数码相机，它有额定 30 万像素；也可以用一对数字表示，如"640×480 显示器"，它表示横向 640 像素和纵向 480 像素（就像 VGA 显示器一样），因此其总数为 640×480 = 307 200 像素。

数字化图像的彩色采样点（如网页中常用的 JPG 文件）也称为像素。由于计算机显示器的类型不同，这些可能和屏幕像素有些区域不是一一对应的。在这种区别很明显的区域，图像文件中的点更接近纹理元素。

✷ 动手做 2　认识分辨率

分辨率是指单位长度内所含点（即像素）的多少，它的单位通常为像素/英寸（ppi）。分辨率决定了位图细节的精细程度，通常情况下，分辨率越高，它包含的像素就越多，图像就越清晰。图 1-23 和图 1-24 所示为相同打印尺寸但分辨率不同的两个图像。

有些人经常会将分辨率混淆，认为分辨率就是指图像分辨率，其实分辨率有很多种，可以分为以下几种类型。

※ 图 1-23　分辨率为 800 像素/英寸

※ 图 1-24　分辨率为 100 像素/英寸

- 图像分辨率：图像分辨率就是每英寸图像含有多少个点或像素，分辨率的单位为点/英寸（英文缩写为 dpi）。例如，300dpi 就表示该图像每英寸含有 300 个点或像素。在 Photoshop 中也可以用 cm（厘米）为单位来计算分辨率。图像分辨率的默认单位是 dpi。在数字化图像中，分辨率的大小直接影响图像的品质。分辨率越高，图像越清晰，所产生的文件也就越大，在工作中所需的内存和 CPU 处理时间也越多。所以在制作图像时，不同品质的图像就需设置适当的分辨率，才能最经济有效地制作出作品。例如，用于打印输出的图像的分辨率需要高一些，如果只是在屏幕上显示的作品（如多媒体图像或网页图像），就可以低一些。另外，图像的尺寸大小、图像的分辨率和图像文件大小三者之间有着很密切的关系。一个分辨率相同的图像，如果尺寸不同，它的文件大小也不同，尺寸越大所保存的文件也就越大。同样，增加一个图像的分辨率，也会使图像文件变大。

- 设备分辨率：设备分辨率是指每单位输出长度所代表的点数和像素。它与图像分辨率有着不同之处，图像分辨率可以更改，而设备分辨率则不可以更改。如平时常见的计算机显示器、扫描仪和数字照相机这些设备，各自都有一个固定的分辨率。

- 屏幕分辨率：屏幕分辨率又称为屏幕频率，是指打印灰度级图像或分色所用的网屏上每英寸的点数，它是用每英寸上有多少行来测量的。

- 位分辨率：位（bit）分辨率也称位深，用来衡量每个像素存储的信息位数。这个分辨率决定在图像的每个像素中存放多少颜色信息。如一个 24 位的 RGB 图像，即表示其各原色 R、G、B 均值，因此每一个像素所存储的位数即为 24 位。

- 输出分辨率：输出分辨率是指激光打印机等输出设备在输出图像的每英寸上所产生的点数。

项目任务 1-5　图像处理的基础知识——图像的色彩模式

探索时间

你知道彩色照片和黑白照片之间怎么转化吗？

图像模式的设置是非常重要的，因为它决定了图像的色彩质量和输出质量。图像不论是输出还是用于网页展示，我们都应该了解它的色彩模式，这对以后编辑图像是非常重要的。选择图像→模式命令，可以转换图像的模式。一共有 8 种色彩模式，如图 1-25 所示，下面将详细介绍。

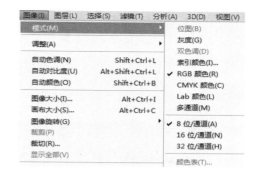

※ 图 1-25　模式下拉菜单

✱ 动手做 1　认识位图模式

位图模式的每一个像素只包含 1 位数据，占用的磁盘空间最少。因此，在该模式下不能制作出色调丰富的图像，只能制作一些黑白两色的图像。它适合制作艺术样式或用于创作单色图形。当要将一幅彩图转换成黑白图像时，必须先将其转换成灰度模式的图像，然后再转换成只有黑白两色的图像，即位图模式图像。

打开一个 RGB 模式彩色图像，如图 1-26 所示，执行图像→模式→灰度命令，先将它转化为灰度模式，如图 1-27 所示。再执行图像→模式→位图命令，打开位图对话框，如图 1-28 所示。在输出选项中设置图像的输出分辨率，在方法选项中选择一种转换方法，包括"50%阈值"、"图案仿色"、"扩散仿色"、"半调网屏"和"自定图案"。

※ 图 1-26　RGB 模式图像

※ 图 1-27　灰度模式图像

※ 图 1-28　位图对话框

- 50%阈值：将 50%色调作为分界点，灰色值高于中间色阶 128 的像素转换为白色，灰色值低于色阶 128 的像素转换为黑色，如图 1-29 所示。
- 图案仿色：用黑白点团模拟色调，如图 1-30 所示。
- 扩散仿色：通过使用从图像左上角开始的误差扩散过程来转换图像，由于转换过程中的误差原因，会产生颗粒状的纹理，如图 1-31 所示。
- 半调网屏：可模拟平面印刷中使用的半调网点外观，如图 1-32 所示。

※ 图 1-29　50%阈值

※ 图 1-30　图案仿色

※ 图 1-31　扩散仿色

※ 图 1-32　半调网屏

● 自定图案：可选择一种图案来模拟图像中的色调，如图 1-33 和图 1-34 所示。

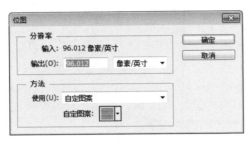

※ 图 1-33　选择图像　　　　　　　　　　　　　　　　　　　　　　　※ 图 1-34　自定图案效果

⁚⁚ 动手做 2　认识灰度模式

图像可以表现出丰富的色调，表现出自然界物体的生动形态和景观。但它始终是一幅黑白的图像，就像我们通常看到的黑白电视和黑白照片一样。灰度模式中的像素是由 8 位的位分辨率来记录的，因此能够表现出 256 种色调。利用 256 种色调我们就可以使黑白图像表现得相当完美。

灰度模式的图像可以直接转换成黑白图像和 RGB 的彩色图像，同样黑白图像和彩色图像也可以直接转换成灰度图像。但需要注意的是，当一幅灰度图像转换成黑白图像后再转换成灰度图像，将不再显示原来图像的效果。这是因为灰度图像转换成黑白图像时，Photoshop 会丢失灰度图像中的色调，因而转换后丢失的信息将不能恢复。同样道理，RGB 图像转换成灰度图像也会丢失所有的颜色信息，所以当由 RGB 图像转换成灰度图像，再转换成 RGB 的彩色图像时，显示出来的图像颜色将不具有彩色。

⁚⁚ 动手做 3　多通道模式

Multichannel（多通道）模式在每个通道中使用 256 灰度级。多通道图像对特殊的打印非常有用，例如，转换双色调（Duotone）用于以 ScitexCT 格式打印。

按照以下的准则将图像转换成多通道模式：

● 将一个以上通道合成的任何图像转换为多通道模式图像，原有通道将被转换为专色通道。

● 将彩色图像转换为多通道时，新的灰度信息基于每个通道中像素的颜色值。

● 将 CMYK 图像转换为多通道可创建青（cyan）、洋红（magenta）、黄（yellow）和黑（black）专色通道。

● 将 RGB 图像转换为多通道可创建青（cyan）、洋红（magenta）和黄（yellow）专色通道。

● 从 RGB、CMYK 或 Lab 图像中删除一个通道会自动将图像转换为多通道模式。

⁚⁚ 动手做 4　认识双色调模式

Duotone（双色调）是用两种油墨打印的灰度图像：黑色油墨用于暗调部分，灰色油墨用于中间调和高光部分。但是，在实际过程中，更多地使用彩色油墨打印图像的高光颜色部分，因为双色调使用不同的彩色油墨重现不同的灰阶。要将其他模式的图像转换成双色调模式的图像，必须先将其转换成灰度模式才能转换成双色调模式。转换时，我们可以选择单色版、双色版、三色版和四色版，并选择各个色版的颜色。但要注意在双色调模式中颜色只用来表示"色调"，所以在这种模式下彩色油墨只是用来创建灰度级的，不是创建彩色的。

当油墨颜色不同时，其创建的灰度级也是不同的。通常选择颜色时，都会保留原有的灰色部分作为主色，其他加入的颜色为副色，这样才能表现较丰富的层次感和质感。如图 1-35 和图 1-36 分别表示双色调的参数设置及效果，如图 1-37 和图 1-38 分别表示三色调的参数设置及效果。

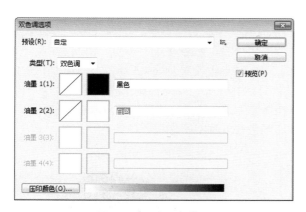

※ 图 1-35　双色调参数设置

※ 图 1-36　双色调效果

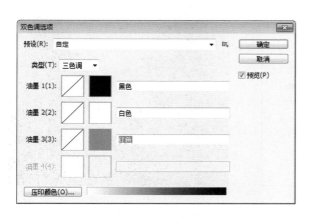

※ 图 1-37　三色调参数设置

※ 图 1-38　三色调效果

双色调选项对话框中的参数设置如下。

- 预设：可选择一个预设的调整文件。
- 类型：此选项包括单色调、双色调、三色调和四色调 4 种色调类型。选择之后，单击各个油墨颜色块，可以打开"颜色库"设置油墨颜色，如图 1-39 和图 1-40 所示。

※ 图 1-39　选择油墨颜色块

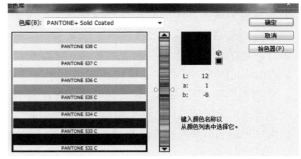

※ 图 1-40　"颜色库"对话框

- 油墨：选择色调的类型后，相应的便有几个油墨可供调整。选择几种色调可以编辑几种色调的油墨。单击油墨选项右侧的曲线图，如图 1-41 所示，可以打开双色调曲线对话框，调整曲线可以改变油墨的百分比，参数设置及效果分别如图 1-42 和图 1-43 所示。单击油墨选项右侧的颜色块，可以打开颜色库对话框选择油墨。
- 压印颜色：压印颜色是指相互打印在对方之上的两种无网屏油墨。单击该按钮，可以在打开的压印颜色对话框中设置压印颜色在屏幕上的外观。

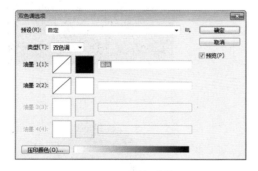

※ 图 1-41　选择曲线图

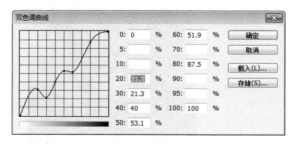

※ 图 1-42　调整曲线后

※ 图 1-43　效果图

※ 动手做 5　认识 RGB 模式

RGB 模式是 Photoshop 中最常用的一种颜色模式。不管是扫描输入的图像，还是绘制的图像，几乎都是以 RGB 的模式存储的。这是因为在 RGB 模式下处理图像较为方便，而且 RGB 的图像比 CMYK 图像文件要小得多，可以节省内存和存储空间。在 RGB 模式下，用户还能够使用 Photoshop 中所有的命令和滤镜。

RGB 模式：由红、绿、蓝 3 种原色组合而成，由这 3 种原色混合产生出成千上万种颜色。在 RGB 模式下的图像是三通道图像，每个像素由 24 位的数据表示，其中 RGB 三种原色各使用了 8 位，每一种原色都可以表现出 256 种不同浓度的色调，所以三种原色混合起来就可以生成 1670 万种颜色，也就是我们常说的真彩色。RGB 模式如图 1-44 所示。

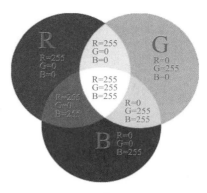

※ 图 1-44　RGB 模式（加色混合）

❖ 动手做 6　认识 CMYK 模式

CMYK 模式是一种印刷的模式。它由分色印刷的 4 种颜色组成，在本质上与 RGB 模式没什么区别。但它们产生色彩的方式不同，RGB 模式产生色彩的方式称为加色法，而 CMYK 模式产生色彩的方式称为减色法。例如，显示器采用了 RGB 模式，这是因为显示器可以用电子光束轰击荧光屏上的磷质材料发出光亮从而产生颜色，当没有光时为黑色，光线加到极限时为白色。假如我们采用 RGB 颜色模式去打印一份作品，将不会产生颜色效果，因为打印油墨不会自己发光。因而只有采用一些能够吸收特定的光波而靠反射其他光波产生颜色的油墨，也就是说当所有的油墨加在一起时是纯黑色，油墨减少时才开始出现色彩，当没有油墨时就成为白色，这样就产生了颜色，所以这种生成色彩的方式称为减色法。

那么，CMYK 模式是怎样发展出来的呢？理论上，我们只要将生成 CMYK 模式中的三原色，即 100%的洋红色（magenta）和 100%的黄色（yellow）组合在一起就可以生成黑色（black），但实际上等量的 C、M、Y 三原色混合并不能产生完美的黑色或灰色。因此，只有再加上一种黑色后，才会产生图像中的黑色和灰色。为了与 RGB 模式中的蓝色区别，黑色就以 K 字母表示，这样就产生了 CMYK 模式。在 CMYK 模式下的图像是四通道图像，每个像素由 32 位的数据表示。

在处理图像时，我们一般不采用 CMYK 模式，因为这种模式文件大，会占用更多的磁盘空间和内存。此外，在这种模式下，有很多滤镜都不能使用，所以编辑图像时有诸多不便，因而通常都是在印刷时才转换成这种模式。CMYK 模式如图 1-45 所示。

❖ 动手做 7　认识 Lab 模式

Lab 模式是一种较为陌生的颜色模式，它用 3 种分量来表示颜色。此模式下的图像由三通道组成，每个像素有 24 位的分辨率。通常情况下我们不会用到此模式，但使用 Photoshop 编辑图像时，事实上就已经使用了这种模式，因为 Lab 模式是 Photoshop 内部的颜色模式。例如，要将 RGB 模式的图像转换成 CMYK 模式的图像，Photoshop 会先将 RGB 模式转换成 Lab 模式，然后由 Lab 模式转换成 CMYK 模式，只不过这一操作是在内部进行的而已。因此 Lab 模式是目前所有模式中包含色彩范围最广泛的模式，它能毫无偏差地在不同系统和平台之间进行交换。

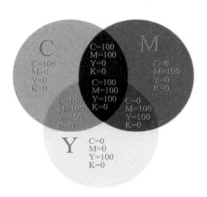

※ 图 1-45　CMYK 模式（减色混合）

L：代表亮度，范围在 0～100 之间。

a：是由绿到红的光谱变化，范围在-120～120 之间。

b：是由蓝到黄的光谱变化，范围在-120～120 之间。

Lab 模式在照片调色中有着非常特别的优势，我们在处理明暗度通道时，可以在不影响色相饱和度的情况下轻松修改图像的明暗信息。例如，处理 a 和 b 通道时，可以在不影响色调的情况下修改颜色，如图 1-46～图 1-49 所示。

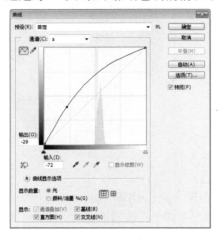

》图 1-46　设置 a 通道

》图 1-47　效果图

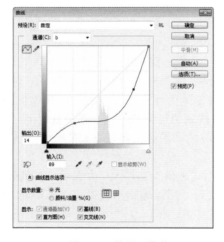

》图 1-48　设置 b 通道

》图 1-49　效果图

项目任务 1-6　图像处理的基础知识——图像的位深度

探索时间

还记得我们小时候上美术课用的水彩画笔吗？通常都是 12 种颜色，但是我们看到一张色彩丰富的照片，它可以有多少种颜色呢？这些颜色的种类数是由什么决定的？

动手做　认识图像位深度

位深度也称为像素深度或色深度，即多少位/像素，它是显示器、数码相机、扫描仪等使用的术语。Photoshop 使用位深度来存储文件中每个颜色通道的颜色信息。存储的位越多，图像中包含的颜色和色调差就越大。

打开一个图像后，可以在图像→模式→下拉菜单中选择 8 位/通道、16 位/通道、32 位/通道命令，改变图像的位深度。

- 8 位/通道：位深度为 8 位，每个通道可支持 256 种颜色，图像可以有 1600 万个以上的颜色值。
- 16 位/通道：位深度为 16 位，每个通道可以包含高达 65000 种颜色信息。无论是通过扫描得到的 16 位/通道文件，还是数码相机拍摄得到的 16 位/通道的 Raw 文件，都包含了比 8 位/通道文件更多的颜色信息，因此，色彩渐变更加平滑、色调也更加丰富。
- 32 位/通道：32 位/通道的图像也称为高动态范围（HDR）图像，文件的色彩和颜色都更胜于 16 位/通道文件。用户可以有选择地对部分图像进行动态范围的扩展，而不至于丢失其他区域的可打印和可显示的色调。目前，HDR 图像主要用于影片、特殊效果、3D 作品及某些高端图片。

项目任务 1-7　图像处理的基础知识——常用图片的文件格式

探索时间

Photoshop CS6 支持多种文件格式，同一个图像文件用不同的方式来保存差别是很大的，你知道怎样选择最优的格式吗？

图像文件格式是指在计算机中表示、存储图像信息的格式。面对不同的工作，选择不同的文件格式非常重要。

常见的图片文件格式主要有 PSD 格式、TIFF 格式、BMP 格式、GIF 格式、EPS 格式、PDF 格式、AI 格式、JPEG 格式等。

动手做 1　PSD 格式

PSD 格式是使用 Adobe Photoshop 软件生成的图像模式，这种模式支持 Photoshop 中所有的图层、通道、参考线、注释和颜色模式的格式。在保存图像时，若图像中包含有层，则一般都用 Photoshop（PSD）格式保存。若要将具有图层的 PSD 格式图像保存成其他格式的图像，则在保存时会合并图层，即保存后的图像将不具有任何图层。

PSD 格式在保存时会将文件压缩以减少占用磁盘空间，但由于 PSD 格式所包含图像数据信息较多（如图层、通道、剪辑路径、参考线等），因此比其他格式的图像文件要大得多。由于 PSD 文件保留所有原图像数据信息（如图层），因而修改起来较为方便，这是 PSD 格式的优越之处。

动手做 2　TIFF 格式

TIFF 的英文全名是 Tagged Image File Format（标记图像文件格式）。此格式便于在应用程序之间和计算机平台之间进行图像数据交换。因此，TIFF 格式应用非常广泛，可以在许多图像软件和平台之间转换，是一种灵活的位图图像格式。TIFF 格式支持 RGB、CMYK、Lab、

IndexedColor、位图模式和灰度的颜色模式，并且在 RGB、CMYK 和灰度 3 种颜色模式中还支持使用通道（Channels）、图层（Layers）和路径（Paths）的功能，只要在 Save As 对话框中选择 Layers、Alpha Channels、Spot Colors 复选框即可。

动手做 3　BMP 格式

BMP（Windows Bitmap）图像文件最早应用于微软公司推出的 Microsoft Windows 系统，是一种 Windows 标准的位图式图形文件格式，它支持 RGB、索引颜色、灰度和位图颜色模式，但不支持 Alpha 通道。

动手做 4　GIF 格式

GIF 格式是 CompuServe 提供的一种图形格式，在通信传输时较为经济。它也可使用 LZW 压缩方式将文件压缩而不会占用太多磁盘空间，因此也是一种经过压缩的格式。这种格式可以支持位图、灰度和索引颜色的颜色模式。GIF 格式还可以广泛应用于因特网的 HTML 网页文档中，但它只能支持 8 位（256 色）的图像文件。

动手做 5　EPS 格式

EPS（Encapsulated PostScript）格式应用非常广泛，可以用于绘图或排版，是一种 PostScript 格式。它的最大优点是可以在排版软件中以低分辨率预览，将插入的文件进行编辑排版，而在打印或出胶片时则以高分辨率输出，做到工作效率与图像输出质量两不误。EPS 支持 Photoshop 中所有的颜色模式，但不支持 Alpha 通道，其中在位图模式下还可以扶持透明。

动手做 6　PDF 格式

PDF（Portable Document Format，可移植文档格式）格式是 Adobe 公司开发的用于 Windows、Mac OS、UNIX（R）和 DOS 系统的一种电子出版软件的文档格式。它以 PostScript Level 2 语言为基础，因此可以覆盖矢量式图像和点阵式图像，并且支持超级链接。PDF 文件是由 Adobe Acrobat 软件生成的文件格式，该格式文件可以存有多页信息，其中包含图形、文档的查找和导航功能。因此，使用该软件不需要排版或图像软件即可获得图文混排的版面。由于该格式支持超文本链接，因此是网络下载经常使用的文件。

PDF 格式支持 RGB、索引颜色、CMYK、灰度、位图和 Lab 颜色模式，并且支持通道、图层等数据信息。PDF 格式还支持 JPEG 和 ZIP 的压缩格式（位图颜色模式不支持 ZIP 压缩格式保存）。

动手做 7　AI 格式

AI 格式是矢量图形存储格式，在 Illustrator 软件中经常用到。若在 Photoshop 软件中将存有路径的文件输出为 AI 格式，则可以在 Illustrator 和 CorelDraw 等矢量图形软件中直接打开并可以进行任意修改和处理。

动手做 8　JPEG 格式

JPEG 格式是较常用的高压缩率、有损压缩真彩色的图像文件格式，文件占用的存储空间较小，但它在压缩文件时可以通过控制压缩范围来决定图像的最终质量。

JPEG 格式的最大特点是文件比较小，因而在特别强调文件大小的领域里用途较为广泛。JPEG 格式支持 RGB、CMYK 和灰度颜色模式，但它不支持 Alpha 通道。JPEG 格式是压缩率最高的图像格式之一，这是因为 JPEG 格式在压缩保存的过程中会以失真最小的方式丢掉一些肉眼不易察觉的数据，因此保存后的图像会与原图像有些许差别。正因如此图像的格式没有原图像的格式好，所以不宜在印刷、出版等高要求的场合下使用。

课后练习与指导

一、选择题

1. 在 Photoshop CS6 中默认的文件为（　　　）格式。
  A．JPEG　　　　　B．PSD　　　　　C．BMP　　　　　D．TIFF

2. 在 Photoshop 中编辑图像时最好使用（　　　）图像模式，在印刷时最好使用（　　　）图像模式。
  A．位图　　　　　B．RGB　　　　　C．lab　　　　　D．CMYK

3. 新建图像文件是通过"新建"命令来实现的，其快捷键为 Ctrl+（　　　）。
  A．N　　　　　　B．S　　　　　　C．W　　　　　　D．P

4. Photoshop 可允许的暂存磁盘的大小是（　　　）。
  A．2GB　　　　　B．4GB　　　　　C．8GB　　　　　D．没有限制

5. 退出 Photoshop CS6 不正确的方法是（　　　）。
  A．选择"文件"→"退出"命令
  B．按下 Alt＋F4 组合键
  C．单击 Photoshop CS6 窗口右上角的 ✖
  D．单击 Photoshop CS6 窗口左上角的 Ps

6. 如果要中断正在进行的操作，需按（　　　）键。
  A．Alt　　　　　B．Shift　　　　　C．Esc　　　　　D．Ctrl

7. 如果一幅 RGB 模式的图像大小为 10MB，当它转化为 CMYK 模式后其大小会是（　　　）。
  A．等于 10MB　　B．大于 10MB　　C．小于 10MB　　D．以上都不对

8. 图像分辨率的单位是（　　　）。
  A．dpi　　　　　B．lpi　　　　　C．ppi　　　　　D．pixel

9. 下列关于参考线和网格的描述正确的是（　　　）。
  A．参考线和网格的颜色是不可以修改的
  B．如果图像窗口中没有显示标尺，就不可以创建参考线
  C．如果图像窗口中没有显示标尺，就不可以显示网格
  D．参考线和网格都可以用虚线和实线表示

10. 选择"文件"→"新建"命令，在弹出的"新建"对话框中不可以设定的模式是（　　　）。
  A．位图模式　　　B．RGB 模式　　　C．双色调模式　　　D．Lab 模式

二、填空题

1. 计算机图像两大类型分别是＿＿＿＿＿＿＿和＿＿＿＿＿＿。
2. 常用的颜色模式有位图模式＿＿＿＿＿，＿＿＿＿＿，＿＿＿＿＿，＿＿＿＿＿，＿＿＿＿＿，＿＿＿＿＿，＿＿＿＿＿，＿＿＿＿＿。

3．要将其他模式的图像转化成双色调模式的图像必须先将其转化为＿＿＿＿＿＿模式。

4．在 Photoshop 中一个文件最终需要印刷，其分辨率应设置在＿＿＿＿＿＿像素/英寸，图像色彩方式为＿＿＿＿＿＿；一个文件最终需要在网络上观看，其分辨率应设置在＿＿＿＿＿＿像素/英寸，图像色彩方式为＿＿＿＿＿＿。

三、简答题

1．简述位图图像和矢量图图像的区别，以及各自的优缺点？

2．阐述像素和分辨率的关系？

3．理解常用的颜色模式及文件格式？

四、实践题

1．试将一个 RGB 模式彩色图像，如图 1-50 所示，转化成半调网屏效果，其效果如图 1-51 所示。

※图 1-50　原图像　　　　　　　　　　　　　　　　　　※图 1-51　效果图

2．试将一个 RGB 模式彩色图像，如图 1-52 所示，转化成如图 1-53 所示灰度模式的效果图。

※图 1-52　原图像　　　　　　　　　　　　　　　　　　※图 1-53　灰度效果图

3．试将一个 RGB 模式彩色图像，如图 1-54 所示，转化成如图 1-55 所示 50%阈值的效果图。

» 图 1-54 原图像

» 图 1-55 50%阈值效果图

4．试将一个 RGB 模式彩色图像，如图 1-56 所示，转化成如图 1-57 所示图案仿色的效果图。

» 图 1-56 原图像

» 图 1-57 图案仿色效果图

5．试将一个 RGB 模式彩色图像，如图 1-58 所示，转化成如图 1-59 所示扩散仿色的效果图。

» 图 1-58 原图像

» 图 1-59 扩散仿色效果图

你知道吗

　　选区是指通过工具或者相应命令在图像上创建的选取范围。选区用于分离图像的一个或多个部分，选区一旦建立，大部分的操作就只在选区范围内有效，如果要对图像其余部分进行操作，必须先取消选区。通过选择特定区域，用户可以编辑效果和滤镜并将其应用于图像的局部，同时保持未选定区域不会被改动。图像编辑通常是针对一块区域进行操作，因此，能否快捷、准确地选取所需要的区域并对其进行有效的编辑与填充直接关系到最终图像处理的效果。

学习目标

- 熟练掌握选框工具的使用
- 熟练掌握移动的使用
- 熟练掌握一般套索工具的使用
- 熟练掌握磁性套索工具的使用
- 熟练掌握魔棒工具的使用
- 熟练掌握渐变工具的使用
- 熟练掌握油漆桶工具的使用
- 熟练运用不同的渐变方式

项目任务 2-1　用选框工具创建

探索时间

1．选框工具组介绍

　　选框工具组包括矩形选框工具、椭圆选框工具、单行选框工具和单列选框工具，分别用于创建矩形选区、椭圆形选区、单行选区、单列选区。

　　（1）矩形选框工具：选择该工具后，鼠标指针变为十字状，在图像窗口中按下鼠标左键并向任意一个方向拖动，可以创建矩形或正方形的选区，如图 2-1 所示。

　　（2）椭圆选框工具：选择该工具后，鼠标指针变为十字状，在图像窗口中按下鼠标左键并向任意一个方向拖动，可以创建椭圆形或圆形选区，如图 2-2 所示。

※ 图 2-1 矩形选区

※ 图 2-2 椭圆形选区

（3）单行选框工具：使用这个工具时，鼠标指针变为十字状，只要用鼠标在图像内单击，便可以选择水平的一个像素行。注意，该工具属性栏中的样式不可选，羽化只能为 **0** 像素。单行选区如图 **2-3** 所示。

（4）单列选框工具：使用这个工具时，鼠标指针变为十字状，只要用鼠标在图像内单击，便可以选择垂直的一个像素列。注意，该工具属性栏中的样式不可选，羽化只能为 **0** 像素。单列选区如图 **2-4** 所示。

※ 图 2-3 单行选区

※ 图 2-4 单列选区

提示

1．按住 Shift 键并拖动矩形选框工具，选区为正方形。
2．按住 Shift 键并拖动椭圆选框工具，选区为圆形。
3．按住 Alt 键并拖动选框工具，从图像的中心开始创建选区。
4．按住空格键并拖动选框工具，重新定位选区。

2．选框工具组的属性栏

选框工具组的工具属性栏如图 **2-5** 所示，其各项含义如下所示。

※ 图 2-5 选框工具属性栏

（1）修改选择方式部分。

新选区按钮 ■：单击该按钮将使用选定的选择工具清除已有的选区，创建新的选区。

添加到选区按钮 ■：单击该按钮将使用选定的选择工具在原有选区的基础上增加新的选区，形成最终的选区。此按钮常用于扩大选区。

从选区减去按钮 ■：单击该按钮将使用选定的选择工具在原有的选区中，减去新选区与原选区相交的部分，形成最终的选区。此按钮常用于缩小选区。

与选区交叉按钮 ■：单击该按钮将使用选定的选择工具将新选区与原有选区相交的部分作为最终的选区。

（2）修改选区边缘部分。

羽化：在其中输入相应的羽化半径值，可以在选区边框内外创建渐变的过渡效果，使选区边缘柔化或模糊。取值范围为 0～250 像素。羽化值越大，选区边缘越柔和，如图 2-6 和图 2-7 所示为不同羽化值的效果。

※ 图 2-6　羽化值为 0 像素的选区　　　　　　　　　　　※ 图 2-7　羽化值为 20 像素的选区

提示

　　按住 Shift 键并拖动矩形选框工具，选区为正方形。创建羽化的选区，应先设置羽化数值，再用鼠标拖拽创建选区，次序不能颠倒。

消除锯齿：用于消除选区的锯齿边缘，仅选择椭圆选框工具才有效。

调整边缘：提高选区边缘品质，允许以不同背景查看选区，方便编辑。

（3）样式部分。

样式用于设置选择区域的风格，包括正常、固定长宽比和固定大小 3 个选项。

动手做　创建照片虚化效果

创建照片虚化效果的步骤如下。

（1）打开图片，如图 2-8 所示，在右侧面板组中找到图层面板，如图 2-9 所示。

※ 图 2-8　原图　　　　　　　　　　　　　　　　　　　　※ 图 2-9　图层面板

（2）单击背景图层，按 Ctrl+J 组合键复制一个背景层，默认的名称为"图层 1"。若使用鼠标拖动到新建图层按钮复制一个背景层，则默认的名称为"背景副本"。

（3）单击背景图层，并单击创建新图层按钮或按 Ctrl+Shift+N 组合键，新建一个图层，默认名称为"图层 2"，如图 2-10 所示。

（4）设置前景色为"黄绿色"，并按 Alt + Delete 组合键填充"图层 2"。

（5）单击"图层 1"，选择工具箱中的椭圆选框工具，将属性栏中的羽化值设置为"20"像素，样式为"正常"，并在图层 1 上画出一个椭圆选区，如图 2-11 所示。

》图 2-10　创建图层 2

（6）选择选择→反向命令或按 Shift+Ctrl+I 组合键，反选选区，如图 2-12 所示，并按 Delete 键删除选区内的图像。最后按 Ctrl+D 组合键，取消选区，得到如图 2-13 所示的最终效果。

》图 2-11　创建椭圆选区

》图 2-12　反选

》图 2-13　最终效果图

项目任务 2-2　用套锁工具和魔棒工具创建

探索时间

1．套索工具组介绍

套索工具组是一种较常用的选取不规则区域的选取工具，其中包括套索工具、多边形套索工具和磁性套索工具。

（1）套索工具：将鼠标移到待选区域的起点，按住鼠标左键，沿所需区域的边缘拖动鼠标，在拖动回到起点位置时释放鼠标，即可选取区域。如果中途释放鼠标，起点和终点将自动用直线连接，形成闭合的区域。

（2）多边形套索工具：使用多边形套索工具可以创建直线边框的多边形选区。单击它，鼠标指针变为多边形套索状，使用命令多边形选区的起点，再依次单击多边形选区的各个顶点，最后单击多边形选区的起点（此时会出现一个小圆圈），形成一个闭合的多边形选区，如图 2-14 所示。

（3）磁性套索工具：磁性套索工具是一种可以自动识别边缘的套索工具，对于边缘复杂但与背景对比强烈的对象，可以快速、准确地选取其轮廓区域。单击它，鼠标指针变为磁性套索状，用鼠标在画布窗口拖拽，最后在终点处双击鼠标左键，即可创建一个不规则的选区，如图 2-15 所示。

※ 图 2-14　多边形选区　　　　　　　　　　　　　※ 图 2-15　不规则选区

2. 套索工具组属性栏介绍

套索工具和多边形套索工具的属性栏基本一样，如图 2-16 所示。磁性套索工具的属性栏如图 2-17 所示，有几个选项前面没有介绍过，现介绍如下。

※ 图 2-16　套索工具属性栏

※ 图 2-17　磁性套索工具属性栏

宽度文本框：用来设置系统检测的范围，单位为像素。当用户用鼠标拖拽出选区时，系统将鼠标指针周围指定的宽度范围内选定反差最大的边缘作为选取的边界。该数值的取值范围是 1～40 像素。通常，当选取具有明显边界的图像时，可将宽度文本框内的数值调大一些。

边缘对比文本框：用来设置系统检测选区边缘精度。当用户用鼠标拖拽出选区时，系统将认为在设定的对比度百分数范围内的对比度是一样的。该数值越大，系统能识别的选区边缘的对比度越高。该数值的取值范围是 1%～100%。

频率文本框：用来设置选区边缘关键点出现的频率。此数值越大，系数创建关键点的速度越快，关键点出现得也越多。频率的取值范围是 0～100。

3. 魔棒工具介绍

魔棒工具是以图像中相近的色素来建立选取范围的。此工具可以用来选择颜色相同或相近的整片的色块。使用魔棒工具时，将光标放到需要选取的区域上，单击鼠标，颜色相似的像素即被选中。打开如图 2-18 所示的图片，选择魔棒工具，设置容差为"8"，单击白色区域，即可得到如图 2-19 所示的选区。

≫ 图 2-18 原图片

≫ 图 2-19 选区效果

4. 魔棒工具属性栏介绍

魔棒工具属性栏如图 2-20 所示。

≫ 图 2-20 魔棒工具属性栏

容差：设置颜色选取的范围，数值越小，选取的颜色越接近，选择的范围就越小。

连续：选中表示选取相邻颜色区域，否则不相邻的颜色区域也被选中。

对所有图层取样：有多个图层时，选中该项，魔棒对所有图层起作用。

✶ 动手做 制作圆柱体

【操作步骤】

（1）选择文件→新建命令，或按 Ctrl+N 组合键，弹出新建对话框，在该对话框内的名称文本框中输入图形的名称"圆柱体"，设置宽度为 500 像素，高度为 400 像素，分辨率为"300像素/英寸"，颜色模式为"RGB"，背景内容为"白色"，如图 2-21 所示，然后单击确定按钮，完成画布的设置。

（2）选择视图→标尺命令，如图 2-22所示，使画布窗口左边和上边显示标尺。把鼠标放在标尺处单击然后向下拖拽，如图 2-23 所示，创建两条参考线。

（3）单击图层调板中的创建新的图层按钮，如图 2-24 所示，创建一个新图层，默认名称为"图层 1"，并选中该图层。

（4）单击工具箱中的椭圆选框工具按钮，在画布中创建一个椭圆选区，如图 2-25 所示，然后设置背景色为紫色。按 Ctrl +Del 组合键,给选区填充背景色,如图 2-26 所示。

≫ 图 2-21 新建画布

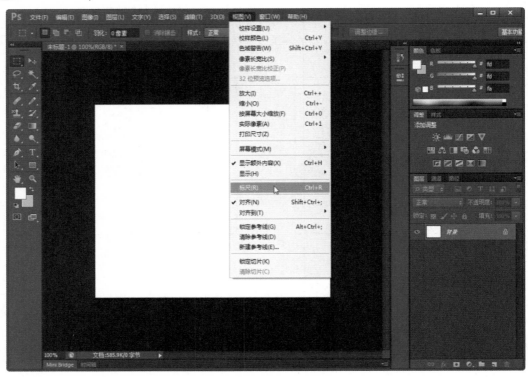

※ 图 2-22　显示标尺

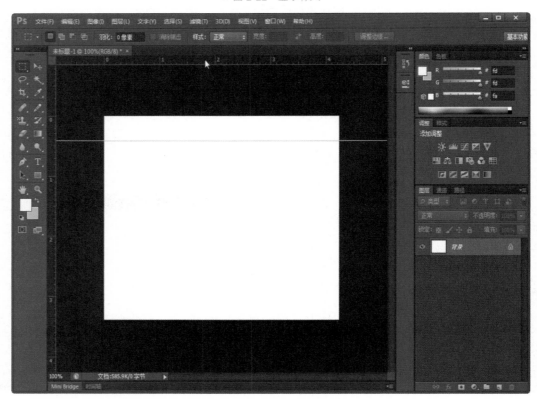

※ 图 2-23　创建参考线

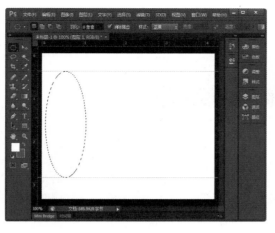

※ 图 2-24　创建新图层　　　　　※ 图 2-25　创建椭圆选区　　　　　※ 图 2-26　用背景色填充选区

（5）单击工具箱中的移动工具按钮，按住 Alt 键，用鼠标水平向右侧拖拽绘制的紫色椭圆选区，复制一个新的紫色椭圆选区，如图 2-27 示。

（6）单击工具箱中的矩形选框工具按钮，在属性栏里选择添加新选区功能键 ，在画布上拖拽鼠标，创建一个矩形选区，同时与原来的椭圆选区相加，如图 2-28 示。

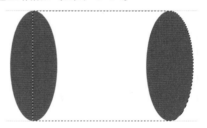

※ 图 2-27　复制选区　　　　　　　　　　　※ 图 2-28　叠加选区

（7）单击工具箱中的魔棒工具按扭 ，按住 Alt 键，选择选区内左边的紫色椭圆图形，创建一个新选区，同时与原来的椭圆选区相减，如图 2-29 示。

（8）设置前景色为白色，背景色为紫色。单击工具箱内的渐变工具按钮，选择属性栏内的线性渐变按钮 ，即在属性栏中设置渐变填充方式为线性渐变。双击渐变颜色框打开渐变编辑器，设置填充前景到背景渐变色，如图 2-30 所示。

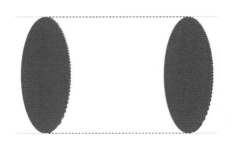

※ 图 2-29　削减选区　　　　　　　　　　　※ 图 2-30　几何体图像

（9）按住 Shift 键，在选区内从上至下拖拽鼠标，给选区填充线性渐变色，如图 2-31 所示。按住 Ctrl+D 组合键，取消选区，得到最终如图 2-32 所示的"圆柱体"效果图。

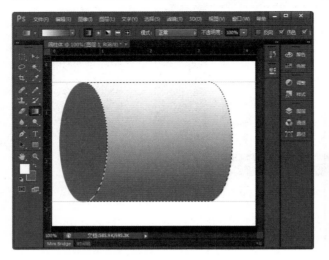

》图 2-31　填充渐变色　　　　　　　　　　　　》图 2-32　最终"圆柱体"效果图

项目任务 2-3　选区的编辑

探索时间

在选取了一个图像区域后，往往还需要进行调整和修正，如选区的大小、位置、形状等，以下介绍如何调整选区，以便灵活、准确地选取图像。

1. 移动选区与移动工具

选区建立以后，在任意一个选择工具状态下，且选择方式是新选区，将光标放至选区内，当光标变成状态时，按下鼠标左键不放并拖动鼠标即可移动选区，如图 2-33 和图 2-34 所示。

如要移动选区边框内的图像，可选择工具箱中的移动工具，就可以将选区内的图像移动到整个画面的另一个位置，如图 2-35 所示。

》图 2-33　建立选区　　　　》图 2-34　移动选区　　　　》图 2-35　用移动工具移动选区

2．修改选区

已经创建的选区可以扩大、缩小、平滑或羽化边缘等，操作方法如下。

（1）选择菜单栏选择下的各个命令修改选区。

选择→修改→扩展或选择→修改→收缩命令：执行此命令，分别弹出如图2-36或如图2-37所示的对话框。在扩展量或收缩量中输入需要扩大或缩小的范围，单击确定按钮即可。

≫ 图2-36　扩展选区对话框

≫ 图2-37　收缩选区对话框

选择→修改→羽化：执行此命令，可以使选区的边缘变得模糊，以平滑过渡到背景图像中。这种工具多用于图像之间合成，产生较好的融合和渐隐效果。

选择→修改→边界：执行此命令，可以选择现有选区边缘内侧或外侧的区域。

选择→修改→平滑：执行此命令，可以减少选区边界中的不规则区域，以创建较平滑的轮廓。

选择→扩大选取：执行此命令，可以将图像中连续的、颜色相近的像素添加到已有选区中，颜色的相近程度由魔棒工具选项中的容差值决定。

选择→选取相似：该命令与上面的扩大选取类似，但它可以将整个图像中颜色相近的像素都扩充进来，而不是仅限于相邻的像素。

（2）选择工具属性栏中的调整边缘选项，弹出如图2-38所示对话框。

移动边缘可以扩大或缩小边缘。

视图模式可在弹出式菜单中选择显示选区的模式。

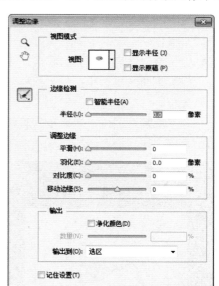

≫ 图2-38　调整边缘对话框

调整半径工具 和抹除调整工具 分别可以扩展检测区域、恢复边界区域。

智能半径可以自动调整边界区域中的硬边缘和柔化边缘半径。

半径设置调整选区边界的大小。锐边使用较小的半径，较柔和的边缘使用较大的半径。

平滑：与菜单命令相同。

羽化：与菜单命令相同。

对比度：该值增大时，选区边框的柔和边缘过渡会变得不连贯。

移动边缘：缩小或扩大选区边框。

净化颜色：将彩色边替换为附近完全选中的像素颜色。

数量：更改净化和彩色边替换的程度。

输出到：选择调整后的选区是变为当前图层上的选区或蒙版，还是生成一个新图层或文档。

3．取消选择和重新选择

如果需要将当前图像中的选择区域去除，可以选取菜单栏中的选择→取消选择命令，也可按 Ctrl+D 组合键，快速取消选区。取消选择后，如果需要重新恢复先前的选择，可以执行菜单栏中的选择→重新选择命令，也可按 Shift+Ctrl+D 组合键，将最近一次取消的选区恢复。

4．反选选区

反选是指选取图像现有选区之外的其他部分。执行菜单栏中的选择→反向命令或按 Shift+Ctrl+I 组合键即可实现反选。

5．变换选区

Photoshop 能够对选区边界进行变换和变形，可以缩放、旋转，也可以做斜切、扭曲、透视、翻转等操作。变换时只对选区边界操作，选区外的图像保持不变。具体操作为：执行选择→变换选区命令，将在选区四周出现带有控制点的变换框，如图 2-39 所示，选中人物后可以进行如下操作。

（1）移动选区：将光标移至选区内，当光标变成 ▶┊ 形状时，即可移动选区。

（2）调整选区大小：将光标移至变换框的控制点上，光标变为 ↖ 形状时拖动鼠标即可调整选区大小。

（3）旋转选区：将光标移至变换框外，当其变为 ↱ 形状时，拖动鼠标即可旋转。如图 2-40 所示为缩小并移动选区的效果。

※ 图 2-39 执行变换选区命令　　　　　　　　　　　※ 图 2-40 缩小并移动选区

6．保存和载入选区

创建好的选区，可以将其保存，以便日后重复使用。保存过的选区则可以通过载入的方式将其载入到图像中。例如，选取前面图像中人物的衣服加以保存。

存储选区：建立选区后，选择选择→存储选区命令，打开如图 2-41 所示的对话框，设置相应的参数，单击确定按钮，即可完成存储。

载入选区：载入选区时，选择选择→载入选区命令，打开如图 2-42 所示的对话框，设置相应的参数后，单击确定按钮，即可完成选区的载入。其中反相用于将选区反选，其余选项参考存储选区对话框。

>> 图 2-41 存储选区对话框

>> 图 2-42 载入选区对话框

✦ 动手做 制作照片边框

（1）打开原图片，如图 2-43 所示，单击椭圆选框工具 ◉ 在图片上画出一个椭圆选区，如图 2-44 所示，按 Shift+F7 组合键反选选区，如图 2-45 所示。

>> 图 2-43 原图

>> 图 2-44 椭圆选区

>> 图 2-45 反选选区

（2）单击背景色，出现拾色器对话框，如图 2-46 所示，选区颜色为蓝色，单击确定按钮，即可设定"背景色"为"蓝色"。在属性栏里设置羽化值为"20"。

（3）按 Ctrl+Del 组合键用背景色填充选区，如图 2-47 所示，按 Ctrl+D 组合键取消选区，如图 2-48 所示。

（4）打开花边素材，如图 2-49 所示，单击移动工具，按住鼠标左键不放将花边拖动到图片上，如图 2-50 所示。

（5）按 Ctrl+t 组合键可对选区进行自由变换，如图 2-51 所示。将花边

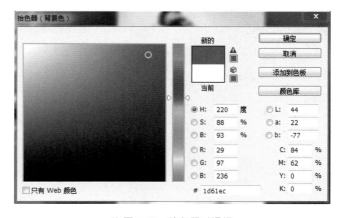

>> 图 2-46 拾色器对话框

调整到适当位置，即得到如图 2-52 所示的最终效果图。

≫ 图 2-47 填充背景色

≫ 图 2-48 取消选区

≫ 图 2-49 打开花边素材

≫ 图 2-50 移动素材

≫ 图 2-51 自由变换选区

≫ 图 2-52 最终效果图

项目任务 2-4 填充选区

探索时间

对创建好的选区可以进行各种操作，填充是其中之一，上述案列已经用到了填充选区的知识。填充图像选区可以通过工具箱中的油漆桶工具、渐变工具填充，也可以选择填充命令来填充图像。图像中不仅可以填充单色与渐变色，还可以填充各种图案。

≫ 图 2-53 填充对话框

1. 使用前景色、背景色及图案填充

使用填充命令可以将所选取的区域或图层用前景色、背景色或其他单一颜色填充，也可以用选定的图案进行填充。选择菜单栏中的编辑→填充命令，打开如图 2-53 所示的填充对话框，各选项含义如下。

（1）使用下拉列表框：可以选择填充的内容，如图 2-54 所示。

- 选择颜色选项后，可以从拾色器中选定一个颜色填充。
- 选择内容识别，可以使用选区附近的相似图像内容不留痕迹地填充选区。相似图像是随机合成的，如果效果不好，可以取消本次操作，再次应用内容识别填充。
- 选择图案将激活自定图案，单击图案示例旁边的倒三角按钮，可以打开预设图案面板，从中选择自定义图案进行填充，如图 2-55 所示。

※ 图 2-54 使用下拉列表框

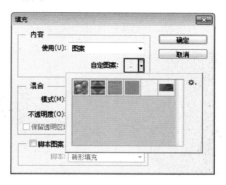

※ 图 2-55 自定义图案列表

- 还可以单击列表旁边的 按钮执行更多的操作，如载入图案等。
- 选择历史记录，将选定区域恢复为在历史记录面板中设置为源的状态或图像快照。

（2）模式下拉列表：用于选择填充时的着色模式。

（3）不透明度：可以设置填充内容的不透明度。

（4）保留透明区域：选中时，若是对图层填充，将不填充透明区域。

提示

按 Alt＋Delete 组合键，可以使用前景色填充。
按 Ctrl＋Delete 组合键，可以使用背景色填充。

2. 使用渐变工具填充

利用渐变工具可以进行各种渐变填充，即创建两种或多种颜色之间逐渐过渡的混合色彩效果，其工具属性栏如图 2-56 所示，各选项含义如下。

※ 图 2-56 渐变工具属性栏

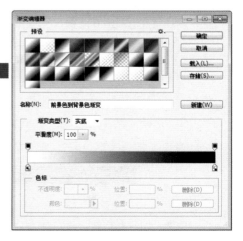

（1）　　　　　：单击右边的箭头，打开下拉列表，可以从中选择默认的渐变模式。单击颜色块，将打开如图 2-57 所示的渐变编辑器对话框。

利用该对话框，可以对渐变进行编辑。在图中颜色条的下方单击，可以添加色标，即增加渐变中的色彩，其颜色可在下方的颜色中设置，颜色范围可以拖动两旁的菱形小方块进行调整；选中一个色标拖离颜色条即可

※ 图 2-57 渐变编辑器对话框

删除该色标；调整颜色条上方的不透明度色标，可以设置颜色的不透明度；设定好的渐变可以存储，也可以载入其他的渐变模式。

（2） ：5 种渐变模式，分别为线性渐变、径向渐变、角度渐变、对称渐变和菱形渐变，具体介绍如下。

- 线性渐变：使颜色从起点到终点以直线方向逐渐改变，如图 2-58 所示。
- 径向渐变：使颜色从起点到终点以圆形图案沿半径方向逐渐改变，如图 2-59 所示。
- 角度渐变：使颜色围绕起点以顺时针方向环绕的形式逐渐改变，如图 2-60 所示。

≫ 图 2-58　线性渐变　　　　≫ 图 2-59　径向渐变　　　　≫ 图 2-60　角度渐变

- 对称渐变：使颜色在起点两侧以对称线性渐变的形式逐渐改变，如图 2-61 所示。
- 菱形渐变：使颜色从起点向外侧以菱形图案的形式逐渐改变，如图 2-62 所示。

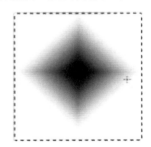

≫ 图 2-61　对称渐变　　　　　　≫ 图 2-62　菱形渐变

（3）模式：设置填充的渐变颜色与它下面图像的混合方式。

（4）不透明度：设置所填渐变颜色的透明程度。

（5）反向：选中该项，产生的渐变颜色与设置的颜色渐变顺序相反。

（6）仿色：选中该项，颜色的过渡更加平滑。

（7）透明区域：选中该项，■■■■□中的透明效果起作用。

使用渐变工具的方法很简单，设置好属性栏的各项后，在图像或选区内拖动鼠标，就可以在起点和终点之间产生渐变效果。

3．用油漆桶工具填充

使用油漆桶工具可以对图像或选区进行填充，其工具属性栏如图 2-63 所示。

| ♦ ▾ | 前景 ▾ | 模式: 正常 | 不透明度: 100% ▾ | 容差: 32 | ✓消除锯齿 | ✓连续的 | □所有图层 |

≫ 图 2-63　油漆桶工具属性栏

前景 下拉列表框：提供了两个选项，选择前景，可使用当前的前景色填充；选择图案，其使用方法与填充命令相同。

容差：控制填充的范围，颜色较接近的区域，填充的范围就较小。

☑连续的 ☐所有图层：意义同魔棒属性栏中的连续与对所有图层取样。

4．用描边命令描边选区

使用描边命令可以在选区、图层周围绘制指定颜色的边框。选择编辑→描边命令，打开如图 2-64 所示的描边对话框，设置好参数后单击确定按钮，得到如图 2-65 所示的效果。

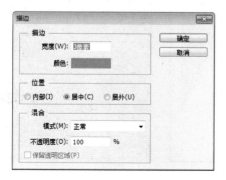

≫图 2-64　描边对话框

≫图 2-65　描边后的效果

∷ 动手做　制作Adobe 公司图标

（1）打开 Photoshop CS6，选择文件→新建命令或按 Ctrl+N 组合键，出现新建对话框。设置宽度和高度分别为"400 像素×400 像素"，分辨率为"72 像素/英寸"，颜色模式为"RGB 颜色"，背景内容为"白色"，如图 2-66 所示。

（2）设置前景色为"红色"，选择矩形选框工具，在背景层创建一个矩形选区，然后填充前景色，如图 2-67 所示。然后使用多边形套索工具在矩形内创建一个梯形选区，如图 2-68 所示。

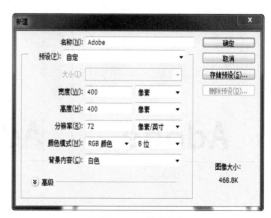

≫图 2-66　新建文件

（3）设置背景色为"白色"，按 Ctrl+Delete 组合键用背景色填充选区，如图 2-69 所示。

≫图 2-67　填充前景色

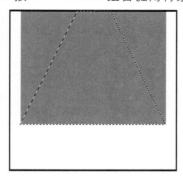

≫图 2-68　创建梯形选区

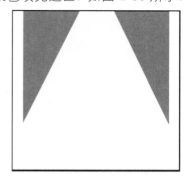

≫图 2-69　填充选区

（4）再次使用多边形套索工具参考图标原形创建一个多边形选区，如图 2-70 所示，并用红色填充，如图 2-71 所示。

（5）使用横排文字工具输入"Adobe"，选中文字按 Ctrl+T 组合键出现字符对话框，具体参数设置如图 2-72 所示。选择图层→栅格化→文字命令将文字层变为普通层，得到如图 2-73 所示的效果。

（6）再次按 Ctrl+T 组合键对图层进行自由变换，如图 2-74 所示，单击确定按钮，得到如图 2-75 所示的最终效果图。

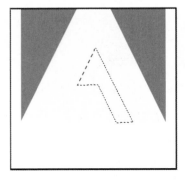

≫ 图 2-70　创建多边形选区

≫ 图 2-71　填充红色

≫ 图 2-72　字符对话框

≫ 图 2-73　栅格化文字层

≫ 图 2-74　自由变换

≫ 图 2-75　最终效果图

课后练习与指导

一、选择题

1. 从一个选区中减去一部分选区，需按（　　　）键。
   A. Alt　　　　　　　B. Shift　　　　　　　C. 空格　　　　　　D. Ctrl

2. 以下命令中不可以选择像素的是（　　　）。
   A. 套索工具　　　　B. 色彩范围　　　　C. 魔棒工具　　　　D. 羽化

3. 下面选项是有关"扩大选择"和"选择相似"作用的描述，错误的是（　　　）。
   A. 对于同一幅图像执行"扩大选择"和"选择相似"命令结果是一致的
   B. 对于同一幅图像执行"扩大选择"和"选择相似"命令结果是一致的
   C. "选择相似"是由全部图像中寻找出与所选择范围近似的颜色与色阶部分，最终形成选区
   D. "选择相似"是由全部图像中寻找出与所选择范围近似的颜色与色阶部分，最终形成选区

4．下列哪个工具可以方便地选择连续的、颜色相似的区域？（　　）

A．"矩形选框"工具　　　　　　　　B．"椭圆选框"工具

C．"魔棒"工具　　　　　　　　　　D．"磁性套索"工具

5．如果使用"魔棒"工具在图像中多次单击以形成更大的选区，应在每次单击鼠标的同时按住键盘上的什么键？（　　）

A．Alt 键　　　　　　B．Shift 键　　　　　　C．Tab 键　　　　　　D．Ctrl 键

二、填空题

1．基本选取工具包括＿＿＿＿＿，＿＿＿＿＿，和＿＿＿＿＿。

2．套锁工具有＿＿＿＿＿，＿＿＿＿＿，＿＿＿＿＿。

三、简答题

1．简述移动选区的两种方式及怎么使用？

2．几种套锁方式的优缺点是什么？

四、实践题

1．试将如图 2-76 所示图像添加如图 2-77 所示的羽化效果。

※图 2-76　原图片素材　　　　　　　　　　　　　※图 2-77　照片羽化效果图

2．将如图 2-78 所示照片添加如图 2-79 所示相框，其效果如图 2-80 所示。

※图 2-78　照片素材　　　　　　※图 2-79　相框素材　　　　　　※图 2-80　效果图

3. 打开如图 2-81 所示人物图像，使用矩形选框工具多次建立选区并进行选区描边，制作一个如图 2-82 所示的相框效果。

※ 图 2-81　原图像

※ 图 2-82　效果图

4. 制作如图 2-83 所示的光点背景效果。

提示：本案例只是基于两个不同效果的圆形，反复改变它们的不透明度、大小和交叉度来实现最终效果。

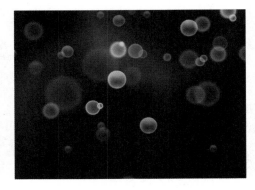

※ 图 2-83　光点背景效果图

5. 利用矩形选框工具及椭圆选框工具制作如图 2-84 所示的结构图。

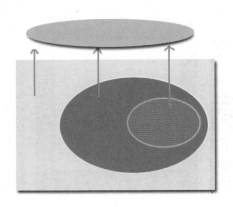

※ 图 2-84　效果图

绘制图像

Adobe Photoshop 提供多个用于绘制和编辑图像颜色的工具。画笔工具和铅笔工具与传统绘图工具的相似之处在于：它们都使用画笔描边来应用颜色。在每种工具的选项栏中，可以设置对图像应用颜色的方式，并可从预设画笔笔尖中选取笔尖。可以将一组画笔选项存储为预设，以便能够迅速访问经常使用的画笔特性。Photoshop 包含若干样本画笔预设，可以从这些预设开始，对其进行修改以产生新的效果。本章我们就来学习绘图的一些基本知识。

学习目标

- 掌握设置前景色与背景色的几种方式
- 掌握画笔工具的使用
- 掌握铅笔工具的使用
- 学会使用预设画笔工具
- 学会自定义画笔笔触
- 熟悉画笔面板的参数设置
- 学会使用画笔面板

项目任务 3-1 绘图的基本知识及工具

探索时间

1. 设置前景色与背景色

在 Photoshop 中，前景色决定了使用绘画工具绘图时的颜色，而背景色则决定了图像的底色，相当于画布本身的颜色。在默认的情况下，Photoshop CS6 的前景色与背景色分别为黑色与白色，其设置图标位于工具箱的下方，如图 3-1 所示。

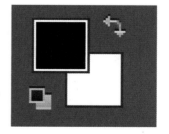

※图 3-1 前景色与背景色图标

提示

1. 在 Photoshop CS6 中，按 X 键可以切换前景色与背景色。
2. 按 D 键可以将前景色与背景色恢复到默认状态。

在 Photoshop CS6 中可以通过拾色器对话框、颜色和色板面板以及吸管工具等对图片进行前景色和背景色的设置，下面分别予以讲解。

※ 图 3-2 拾色器（前景色）对话框

- 通过拾色器对话框设置：通过拾色器对话框设置前景色和背景色的方法类似，以前景色为例，具体操作如下。

（1）单击前景色图标，打开拾色器（前景色）对话框，如图 3-2 所示。

（2）通过拖动白色三角滑块或在颜色滑块内单击或在色域内单击这 3 种方法来选择颜色。

（3）单击确定按钮，即可完成前景色的设置。

- 通过颜色面板设置：颜色面板位于工作界面右侧的面板组中。通过颜色面板设置的方法为：在面板组中单击颜色按钮，打开颜色面板，在其中不但可以设置前景色和背景色，还可以对设置的前景色和背景色进行微调，如图 3-3 所示。

- 通过色板面板设置：色板面板位于工作界面右侧的面板组中。通过颜色面板设置的方法为：在面板组中单击色板按钮，打开色板面板，在其中列出了许多颜色块，将鼠标移动到颜色块上，当鼠标指针变为 形状时，单击相应的颜色块即可将其设置为前景色，如图 3-4 所示。

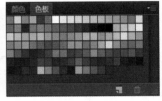

※ 图 3-3 颜色面板　　　　　※ 图 3-4 色板面板

- 通过吸管工具设置：吸管工具位于工具箱中，它主要用于在图像或色板面板中汲取颜色，汲取的颜色会表现在前景色或背景色中以备用。若在图像或色板面板中汲取颜色的同时按住 Alt 键，汲取的颜色会表现在背景色中。吸管工具的属性栏如图 3-5 所示。

※ 图 3-5 吸管工具的属性栏

在取样大小下拉列表框中可以指定吸管工具的取样区域，其中取样点选项是指将吸管工具的取样范围定义为单击的那一个像素点的颜色值。取样点下拉列表中 3×3 平均选项是指以 3×3 的像素区域为取样范围，取其色彩的平均值，其他类似。

2．利用画笔工具绘制

使用画笔工具绘制图像就是使用某种颜色在图像中进行颜色填充，在填充过程中不但可以不断调整画笔笔头的大小，还可以控制填充颜色的透明度、流量和模式。选择画笔工具后，属性栏如图 3-6 所示。

※ 图 3-6 画笔工具属性栏

- 画笔下拉列表框 ：单击右侧的下拉按钮，在该下拉列表框中可选择一种画笔或对当前画笔进行编辑。

- 切换到画笔面板按钮 ：单击该按钮后，将打开画笔面板，可在其中对画笔的笔尖形状等进行设置。
- 模式下拉列表框 正常 ：它主要用来设置画笔工具混合颜色的功能，默认情况下为正常模式。该下拉列表框中提供了多种模式，每种模式都可以为图像创建不同的效果。
- 不透明度文本框 100% ：用来设置画笔颜色的不透明度，数值越小越透明。
- 流量文本框 100% ：用来设置画笔的压力程度，数值越小，笔触越淡。
- 喷枪工具按钮 ：单击该按钮后，可用喷枪方式绘图。

教你一招

在一个点按住鼠标左键不放，可实现画笔的不断叠加，其颜色会不断加深。在图像编辑区域单击鼠标确定起点，然后按住 Shift 键的同时用鼠标在另一处单击，两点之间就会形成一条直线。

3．利用铅笔工具绘制

使用铅笔工具 绘制图形与平时用铅笔绘制图形相同，利用它可以绘制边缘明显的直线或曲线。如果绘制斜线，则带有明显的锯齿。选择该工具后，其属性栏显示如图 3-7 所示，其中除了 ☑ 自动抹除 复选框外，其余各选项参数与画笔工具完全相同。

选中 ☑ 自动抹除 复选框后，使用铅笔工具在图像中拖动时绘制的是

≫ 图 3-7　铅笔工具属性栏

前景色，停止拖动并单击所在位置再次拖动鼠标时，绘制的则是背景色，停止拖动并再一次单击开始拖动鼠标时，又变为前景色。

动手做　绘制三原色混色图

绘制三原色混色图的具体步骤如下。

（1）单击设置背景色图标，打开拾色器对话框，在该对话框中的 R、G、B 文本框内均输入"0"，如图 3-8 所示，单击确定按钮，即可设置背景色为黑色。

（2）选择文件→新建命令或按 Ctrl+N 组合键，设置宽度和高度均为"400 像素"，分辨率为"72 像素/英寸"，颜色模式为"RGB 颜色"，背景内容为"白色"，如图 3-9 所示，单击确定按钮。

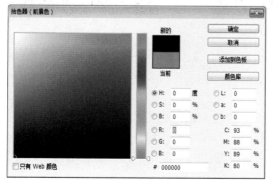

≫ 图 3-8　拾色器对话框

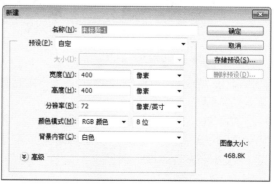

≫ 图 3-9　新建对话框

（3）按 Ctrl+Delete 组合键或 Ctrl+Backspace 组合键，用背景色填充背景层，如图 3-10 所示。

（4）单击设置前景色图标，打开拾色器对话框，在 R、G、B 文本框内分别输入"255、0、0"。单击确定按钮，设置前景色为红色，如图 3-11 所示。单击设置背景色图标，打开拾色器对话框，在 R、G、B 文本框内分别输入"0、255、0"。单击确定按钮，设置背景色为绿色，如图 3-12 所示。

≫ 图 3-10　用背景色填充背景层

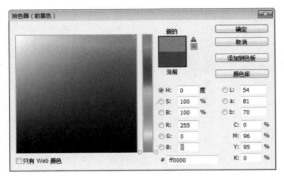

≫ 图 3-11　设置前景色

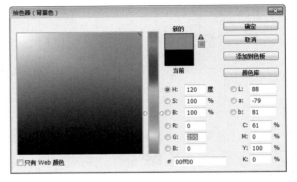

≫ 图 3-12　设置背景色

（5）打开图层面板，单击图层面板下边的创建新的图层按钮，在"背景"图层之上创建一个"图层 1"图层，并选中该图层，如图 3-13 所示。

（6）单击工具箱中的椭圆选框工具按钮，按住 Shift 键，在画布窗口内拖拽创建一个圆形的选区，如图 3-14 所示。按 Alt+Delete 组合键或 Alt+Backspace 组合键，给圆形选区内填充前景色为红色，如图 3-15 所示。

≫ 图 3-13　图层面板

≫ 图 3-14　创建正圆选区

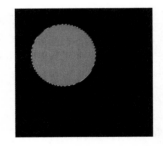

≫ 图 3-15　填充前景色

（7）在"图层 1"图层之上创建一个"图层 2"图层，选中该图层。水平拖拽圆形选区到如图 3-16 所示的位置。按 Ctrl+Delete 组合键或 Ctrl+Backspace 组合键，给圆形选区内填充背景色为绿色，如图 3-17 所示。

（8）在"图层 2"图层之上创建一个"图层 3"图层，选中该图层，水平拖拽圆形选区到如图 3-18 所示的位置。设置前景色为蓝色（R=0、G=0、B=255），按 Alt+Delete 组合键，给圆形选区内填充前景色为蓝色，按 Ctrl+D 组合键，取消选区，完成蓝色圆形的绘制，如图 3-19 所示。

（9）选中"图层 3"图层，在"图层"面板中的设置图层的混合模式下拉列表框内选择差值选项，使"图层 3"和"图层 2"图层中的图像颜色按照差值混合，得到如图 3-20 所示效果。

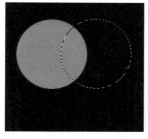

≫ 图 3-16 创建正圆选区

≫ 图 3-17 填充背景色

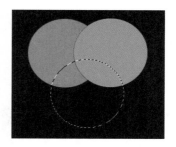

≫ 图 3-18 创建正圆选区

（10）选中"图层 2"图层，在"图层"面板中的设置图层的混合模式下拉列表框中选择差值选项，使"图层 2"与"图层 1"图层中的图像颜色按照差值混合。三原色混色效果图如图 3-21 所示。

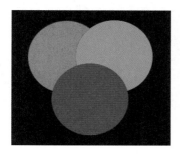

≫ 图 3-19 填充前景色

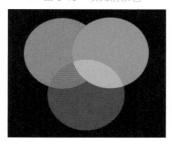

≫ 图 3-20 更改图层混合模式

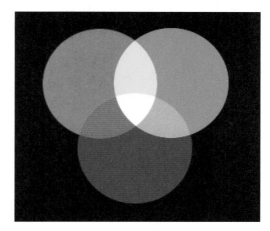

≫ 图 3-21 三原色混色效果图

项目任务 3-2 ▶ 设置画笔的基本样式

探索时间

上面所讲到的绘图工具都较简单，绘出的图像也没有什么特色，要想绘制出特殊效果的图像，所使用的画笔就非常重要了，我们既可以从预设画笔工具里选择想要的画笔，还可以自己创设新画笔，一起来学习吧。

1. 使用预设画笔工具

为了方便使用画笔，在 Photoshop CS6 中提供了多种不同的画笔预设工具，通过设置画笔

的基本样式，可以达到理想的效果。

使用画笔预设的方法为：在工具箱中选择画笔工具，在属性栏中单击切换到画笔面板按钮可打开画笔面板，如图 3-22 所示，单击画笔预设按钮可打开画笔预设面板，如图 3-23 所示。在其中选择一种预设的样式后，将鼠标移至图像中即可绘制图像。

另外，在画笔工具属性栏中单击画笔下拉列表框右侧的下拉按钮，在打开的下拉列表框中也可选择画笔样式，如图 3-24 所示。

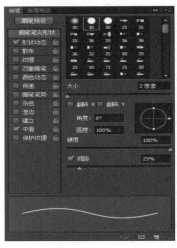 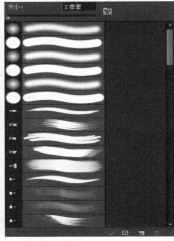 

※图 3-22　画笔面板　　　　　※图 3-23　画笔预设面板　　　　　※图 3-24　画笔预设选取器

画笔预设面板和画笔下拉列表框中各选项的功能介绍如下。

- **大小：** 左右拖动滑块可设置画笔的大小或在右侧的文本框中输入相应的数值，数值越大，画笔越大。
- **硬度：** 左右拖动滑块可设置画笔硬度的大小。
- **预设画笔列表框：** 在该列表框中列出了许多预设的画笔，从其中选择需要的样式即可进行绘制。
- **画笔库按钮：** 单击该按钮，打开画笔库下拉菜单，其中列出了各种画笔库，选择需要的画笔库，打开提示对话框，单击确定按钮，即可载入画笔库并替换面板中的画笔。
- **创建新画笔按钮：** 单击该按钮，可打开画笔名称对话框，在名称文本框中输入新的名称后单击确定按钮，可将当前画笔存储为预设画笔。
- **预设管理器按钮：** 单击该按钮，可打开预设管理器对话框，在该管理器中也列出了许多画笔样式供用户选择。
- **删除画笔按钮：** 在预设列表框中选择不需要的画笔样式，然后单击该按钮，即可将选择的画笔样式删除。

2. 自定义画笔笔触

更改预设画笔的显示方式，可以创建自定义的画笔，操作步骤如下。

（1）使用任何选区工具，在图像中选择要用作自定义画笔的部分，如图 3-25 所示。如果是创建锐边的画笔，应先将羽化设置为 0 像素。画笔形状的大小最大可达 2500×2500 像素。

（2）选择编辑→定义画笔预设命令，在如图 3-26 所示的画笔名称对话框中为画笔命名并单击确定按钮，即可将选区内的图像定义为画笔并加入到当前画笔集中。

※图 3-25　建立画笔选区

※图 3-26　画笔名称对话框

3. 更改画笔设置

在画笔面板中，可以对画笔的各项参数进行设置，以便绘出不同的艺术效果。面板左边是各个设置项，单击某项后，右边显示所选项的参数。

选项被修改后，仅在该画笔激活期有效，一旦改变笔尖或改换画笔工具，将恢复默认设置。如需保存修改，单击画笔面板底部的创建新画笔按钮，在随后打开的画笔名称对话框中命名修改过的画笔，如图 3-27 所示，单击确定按钮即可保存所修改的画笔。

※图 3-27　画笔名称对话框

4. 存储画笔与载入画笔

前面修改或定义的新画笔，没有经过存储是不会永久保存的。如果含有新画笔的画笔集被恢复到默认设置，新画笔将会丢失。要想永久性地保存新画笔，需要通过画笔面板菜单的存储画笔选项来保存整个画笔集。保存过的画笔集可以通过载入画笔添加到当前列表的后面。

✱✱ 动手做　邮票制作

（1）打开原图片素材，如图 3-28 所示。将图层背景拖动到创建新图层按钮上，生成背景层副本，然后在菜单栏中选择编辑→填充命令，如图 3-29 所示，打开填充对话框，参数设置如图 3-30 所示，将背景层填充成 50%灰度，图层面板如图 3-31 所示。

※图 3-28　原图片

※图 3-29　选择填充命令

※ 图 3-30　参数设置　　　　　　　　　　　　　　※ 图 3-31　图层面板

　　（2）选择工具箱中的自定形状工具，单击自定义形状选项栏的路径按钮，在自定形状工具栏的形状列表中选择"邮票 1"形状，如图 3-32 所示。若形状列表中没有，则单击列表右上角的小三角，在下拉菜单中选择全部选项进行追加，然后绘制邮票形状，如图 3-33 所示。

　　（3）在路径面板中单击将路径转为选区按钮，如图 3-34 所示。选择"背景副本"层，按 Shift+F7 组合键反选选区，然后按 Delete 键删除选区中的内容，效果如图 3-35 所示。

※ 图 3-32　形状选项框　　※ 图 3-33　绘制邮票形状　　※ 图 3-34　将路径转为选区　　※ 图 3-35　删除选区内容

　　（4）按住 Ctrl 键单击"背景副本"图层，载入图片选区，然后按住 Alt 键减选一个矩形选区，如图 3-36 所示，再将选区填充成白色，如图 3-37 所示。

　　（5）选择横排文字工具，为邮票添加文字，如图 3-38 所示，然后双击图片所在图层，打开图层样式对话框，为图片添加投影。设置适当的参数后，单击确定按钮，投影效果如图 3-39 所示，最终邮票效果就制作完成了。

※ 图 3-36　从选区中减去　　※ 图 3-37　填充白色　　※ 图 3-38　添加文字　　※ 图 3-39　最终效果

项目任务 3-3 使用画笔面板

探索时间

1. 设置画笔的基本形状

当系统提供的画笔样式不能满足绘图的需要时，可以通过设置新的画笔笔尖来实现，在画笔面板中选择画笔笔尖形状选项，此时的面板显示为如图 3-40 所示。

画笔笔尖形状选项中各选项的功能介绍如下。

- 直径：控制画笔大小。输入以像素为单位的值，或拖动滑块。如图 3-41 和图 3-42 所示为较小直径和较大直径的画笔描边。

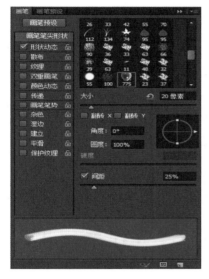
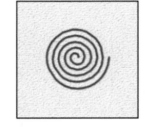

※ 图 3-40 设置画笔笔尖形状　　　※ 图 3-41 较小直径的画笔描边　　※ 图 3-42 较大直径的画笔描边

- 使用取样大小：将画笔复位到它的原始直径。只有在画笔笔尖形状是通过采集图像中的像素样本创建的情况下，此选项才可用。
- 翻转 X：改变画笔笔尖在其 x 轴上的方向。
- 翻转 Y：改变画笔笔尖在其 y 轴上的方向。

如图 3-43～图 3-48 分别为默认笔尖、翻转 X、翻转 X 和翻转 Y。

※ 图 3-43 默认笔尖（1）　　　　※ 图 3-44 翻转 X（1）　　　　※ 图 3-45 翻转 X 和翻转 Y（1）

※ 图 3-46　默认笔尖（2）

※ 图 3-47　翻转 X（2）

※ 图 3-48　翻转 X 和翻转 Y（2）

- 角度：指定椭圆画笔或样本画笔的长轴从水平方向旋转的角度。输入度数，或在预览框中拖动水平轴。如图 3-49 和图 3-50 为不同角度的笔画描边。

※ 图 3-49　不同角度的画笔描边

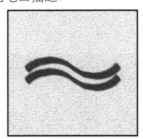

※ 图 3-50　不同角度的画笔描边

- 圆度：指定画笔短轴和长轴之间的比率。输入百分比值，或在预览框中拖动点。100% 表示圆形画笔，0% 表示线性画笔，介于两者之间的值表示椭圆画笔。如图 3-51 和图 3-52 为不同圆度的笔尖。

※ 图 3-51　不同圆度的笔尖

※ 图 3-52　不同圆度的笔尖

- 硬度：控制画笔硬度中心的大小。输入数字，或者使用滑块输入画笔直径的百分比值。不能更改样本画笔的硬度。如图 3-53 和图 3-54 分别为较小硬度和较大硬度的笔尖。

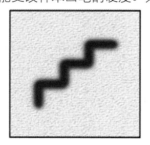

※ 图 3-53　较小硬度的笔尖

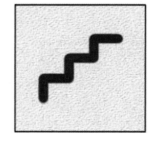

※ 图 3-54　较大硬度的笔尖

- 间距：控制描边中两个画笔笔迹之间的距离。如果要更改间距，可输入数字，或使用滑块输入画笔直径的百分比值。当取消选择此选项时，光标的速度将确定间距。如图 3-55 和

图 3-56 分别为较小间距和较大间距的笔尖。

※ 图 3-55　较小间距的笔尖

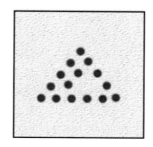

※ 图 3-56　较大间距的笔尖

2. 画笔的形状动态

形状动态决定描边中画笔笔迹的变化，图 3-57 和图 3-58 分别表示无形状动态和有形状动态的画笔笔尖。

※ 图 3-57　无形状动态画笔笔尖

※ 图 3-58　有形状动态画笔笔尖

在画笔面板中选择形状动态选项，此时的面板显示为如图 3-59 所示。

● 大小抖动和控制：指定描边中画笔笔迹大小的改变方式。要指定抖动的最大百分比，可通过输入数字或使用滑块来输入值。要指定希望如何控制画笔笔迹的大小变化，可从控制弹出式菜单中选取一个选项，如下所示。

　　关：指定不控制画笔笔迹的大小变化。

　　渐隐：按指定数量的步长在初始直径和最小直径之间渐隐画笔笔迹的大小。每个步长等于画笔笔尖的一个笔迹。值的范围可以是 1～9999。例如，输入步长数 10，会产生 10 个增量的渐隐。

　　钢笔压力、钢笔斜度或光笔轮：可依据钢笔压力、钢笔斜度或钢笔拇指轮位置在初始直径和最小直径之间改变画笔笔迹大小。

※ 图 3-59　设置形状动态

● 最小直径：指定当启用大小抖动或大小控制时画笔笔迹可以缩放的最小百分比。可通过输入数字或使用滑块来输入画笔笔尖直径的百分比值。

● 倾斜缩放比例：指定当大小抖动设置为钢笔斜度时，在旋转前应用于画笔高度的比例因子。可以输入数字，或者使用滑块输入画笔直径的百分比值。

● 角度抖动和控制：指定描边中画笔笔迹角度的改变方式。要指定抖动的最大百分比，可输入一个 360° 的百分比的值。要指定希望如何控制画笔笔迹的角度变化，可从控制弹出式菜单中选取一个选项，如下所示。

关：指定不控制画笔笔迹的角度变化。

渐隐：按指定数量的步长在 0～360° 之间渐隐画笔笔迹角度。

钢笔压力、钢笔斜度、光笔轮、旋转：依据钢笔压力、钢笔斜度、钢笔拇指轮位置或钢笔的旋转在 0～360° 之间改变画笔笔迹的角度。

初始方向：使画笔笔迹的角度基于画笔描边的初始方向。

方向：使画笔笔迹的角度基于画笔描边的方向。

- 圆度抖动和控制：指定画笔笔迹的圆度在描边中的改变方式。要指定抖动的最大百分比，可输入一个指明画笔长短轴之间比率的百分比。要指定希望如何控制画笔笔迹的圆度，可从控制弹出式菜单中选取一个选项，如下所示。

关：指定不控制画笔笔迹的圆度变化。

渐隐：按指定数量的步长在 100% 和"最小圆度"值之间渐隐画笔笔迹的圆度。

钢笔压力、钢笔斜度、光笔轮、旋转：依据钢笔压力、钢笔斜度、钢笔拇指轮位置或钢笔的旋转在 100% 和"最小圆度"值之间改变画笔笔迹的圆度。

- 最小圆度：指定当圆度抖动或圆度控制启用时画笔笔迹的最小圆度。输入一个指明画笔长短轴之间比率的百分比。

3．画笔散布

画笔散布可确定描边中笔迹的数目和位置，图 3-60 和图 3-61 分别表示无散布和有散布的画笔描边。

在画笔面板中选择散布选项，此时的面板显示为如图 3-62 所示。

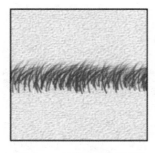

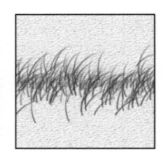

≫ 图 3-60　无散布的画笔描边　　≫ 图 3-61　有散布的画笔描边　　≫ 图 3-62　画笔散布设置

- 散布和控制：指定画笔笔迹在描边中的分布方式。当选择两轴时，画笔笔迹按径向分布。当取消选择两轴时，画笔笔迹垂直于描边路径分布。要指定散布的最大百分比，请输入一个值。要指定希望如何控制画笔笔迹的散布变化，请从控制弹出式菜单中选取一个选项，如下所示。

关：指定不控制画笔笔迹的散布变化。

渐隐：按指定数量的步长将画笔笔迹的散布从最大散布渐隐到无散布。

钢笔压力、钢笔斜度、光笔轮、旋转：依据钢笔压力、钢笔斜度、钢笔拇指轮位置或钢笔的旋转来改变画笔笔迹的散布。

- 数量：指定在每个间距间隔应用的画笔笔迹数量。

- 数量抖动和控制：指定画笔笔迹的数量如何针对各种间距间隔而变化。要指定在每个间距间隔处涂抹的画笔笔迹的最大百分比，请输入一个值。要指定希望如何控制画笔笔迹的数量变化，请从控制弹出式菜单中选取一个选项，如下所示。

    关：指定不控制画笔笔迹的数量变化。

    渐隐：按指定数量的步长将画笔笔迹数量从数量值渐隐到 1。

    钢笔压力、钢笔斜度、光笔轮、旋转：依据钢笔压力、钢笔斜度、钢笔拇指轮位置或钢笔的旋转来改变画笔笔迹的数量。

4．纹理画笔

　　纹理画笔利用图案使描边看起来像是在带纹理的画布上绘制的一样，图 3-63 和图 3-64 表示无纹理的画笔描边和有纹理的画笔描边。

≫ 图 3-63　无纹理的画笔描边

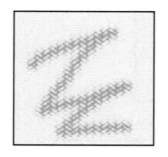

≫ 图 3-64　有纹理的画笔描边

≫ 图 3-65　画笔纹理设置

　　在画笔面板中选择纹理选项，此时的面板显示为如图 3-65 所示。

- 反相：基于图案中的色调反转纹理中的亮点和暗点。当选择反相时，图案中的最亮区域是纹理中的暗点，因此接收最少的油彩；图案中的最暗区域是纹理中的亮点，因此接收最多的油彩。当取消选择反相时，图案中的最亮区域接收最多的油彩；图案中的最暗区域接收最少的油彩。
- 缩放：指定图案的缩放比例。可以输入数字，或者使用滑块来输入图案大小的百分比值。
- 为每个笔尖设置纹理：将选定的纹理单独应用于画笔描边中的每个画笔笔迹，而不是作为整体应用于画笔描边。必须选择此选项，才能使用深度变化选项。
- 模式：指定用于组合画笔和图案的混合模式。
- 深度：指定油彩渗入纹理中的深度。可以输入数字，或者使用滑块来输入值。如果是 100%，则纹理中的暗点不接收任何油彩；如果是 0%，则纹理中的所有点都接收相同数量的油彩，从而隐藏图案。
- 最小深度：指定将深度控制设置为渐隐、钢笔压力、钢笔斜度或光笔轮并且选中为每个笔尖设置纹理时油彩可渗入的最小深度。

- 深度抖动和控制：指定当选中为每个笔尖设置纹理时深度的改变方式。要指定抖动的最大百分比，请输入一个值。要指定希望如何控制画笔笔迹的深度变化，请从控制弹出式菜单中选取一个选项，如下所示。

    关：指定不控制画笔笔迹的深度变化。

    渐隐：按指定数量的步长从深度抖动百分比渐隐到最小深度百分比。

    钢笔压力、钢笔斜度、光笔轮、旋转：依据钢笔压力、钢笔斜度、钢笔拇指轮位置或钢笔旋转角度来改变深度。

5. 双重画笔

双重画笔组合两个笔尖来创建画笔笔迹。将在主画笔的画笔描边内应用第二个画笔纹理，仅绘制两个画笔描边的交叉区域。在画笔面板的画笔笔尖形状部分中设置主要笔尖的选项。从画笔面板的双重画笔部分选择另一个画笔笔尖，然后设置以下任意选项，如图 3-66～图 3-68 所示。

在画笔面板中选择双重画笔选项，此时的面板显示为如图 3-69 所示。

》图 3-66 主画笔笔尖描边

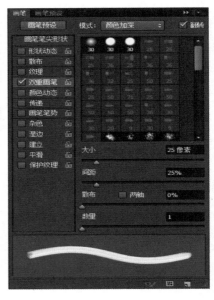

》图 3-67 辅助画笔笔尖描边　　》图 3-68 双重画笔描边　　》图 3-69 双重画笔设置

- 模式：选择从主要笔尖和双重笔尖组合画笔笔迹时要使用的混合模式。
- 直径：控制双笔尖的大小。以像素为单位输入值，或者单击使用取样大小来使用画笔笔尖的原始直径。
- 间距：控制描边中双笔尖画笔笔迹之间的距离。要更改间距，请输入数字，或使用滑块输入笔尖直径的百分比。
- 散布：指定描边中双笔尖画笔笔迹的分布方式。当选中两轴时，双笔尖画笔笔迹按径向分布。当取消选择两轴时，双笔尖画笔笔迹垂直于描边路径分布。要指定散布的最大百分比，请输入数字或使用滑块来输入值。
- 数量：指定在每个间距间隔应用的双笔尖画笔笔迹的数量。可以输入数字，或者使用滑块来输入值。

6. 颜色动态画笔

颜色动态决定描边路线中油彩颜色的变化方式。图 3-70 和图 3-71 表示无颜色动态的画笔描边和有颜色动态的画笔描边。

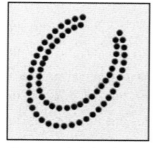 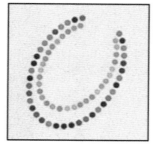

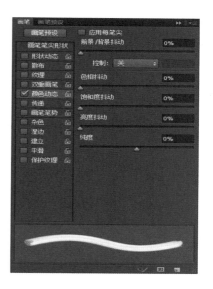

≫ 图 3-70　无颜色动态的画笔描边　≫ 图 3-71　有颜色动态的画笔描边

在画笔面板中选择颜色动态选项，此时的面板显示为如图 3-72 所示。

≫ 图 3-72　颜色动态画笔设置

● 前景/背景抖动和控制指定前景色和背景色之间的油彩变化方式。

要指定油彩颜色可以改变的百分比，请输入数字或使用滑块来输入值。要指定希望如何控制画笔笔迹的颜色变化，请从控制弹出式菜单中选取一个选项，如下所示。

关：指定不控制画笔笔迹的颜色变化。

渐隐：按指定数量的步长在前景色和背景色之间改变油彩颜色。

钢笔压力、钢笔斜度、光笔轮、旋转：依据钢笔压力、钢笔斜度、钢笔拇指轮位置或钢笔的旋转来改变前景色和背景色之间的油彩颜色。

● 色相抖动指定描边中油彩色相可以改变的百分比。可以输入数字，或者使用滑块来输入值。较低的值在改变色相的同时保持接近前景色的色相，较高的值增大色相间的差异。

● 饱和度抖动指定描边中油彩饱和度可以改变的百分比。可以输入数字，或者使用滑块来输入值。较低的值在改变饱和度的同时保持接近前景色的饱和度，较高的值增大饱和度级别之间的差异。

● 亮度抖动指定描边中油彩亮度可以改变的百分比。可以输入数字，或者使用滑块来输入值。较低的值在改变亮度的同时保持接近前景色的亮度，较高的值增大亮度级别之间的差异。

● 纯度增大或减小颜色的饱和度。可以输入一个数字，或者使用滑块输入一个介于-100 和 100 之间的百分比。如果该值为-100，则颜色将完全去色；如果该值为 100，则颜色将完全饱和。

7. 传递画笔

传递画笔选项确定油彩在描边路线中的改变方式。图 3-73 和图 3-74 分别表示无动态绘画的画笔描边和有动态绘画的画笔描边。

※ 图 3-73　无动态绘画的画笔描边

※ 图 3-74　有动态绘画的画笔描边

在画笔面板中选择传递选项，此时的面板显示为如图 3-75 所示。

8. 其他画笔设置

- 杂色：为个别画笔笔尖增加额外的随机性。当应用于柔画笔笔尖时，此选项最有效。
- 湿边：沿画笔描边的边缘增大油彩量，从而创建水彩效果。
- 喷枪：将渐变色调应用于图像，同时模拟传统的喷枪技术。画笔面板中的喷枪选项与选项栏中的喷枪选项相对应。
- 平滑：在画笔描边中生成更平滑的曲线。当使用光笔进行快速绘画时，此选项最有效，但是它在描边渲染中可能会导致轻微的滞后。
- 保护纹理：将相同图案和缩放比例应用于具有纹理的所有画笔预设。选择此选项后，在使用多个纹理画笔笔尖绘画时，可以模拟出一致的画布纹理。

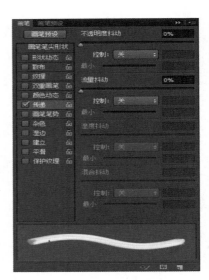

※ 图 3-75　传递画笔设置

∷ 动手做　制作音乐贺卡

（1）新建一个图像文件，文件名及图像大小如图 3-76 所示。设置背景色为粉红色并填充图像文件，如图 3-77 所示。

（2）新建一个图层，默认为"图层 1"，设置前景色为"白色"，选择工具栏中的自定形状工具，单击属性栏中形状后面的下拉按钮形状：，出现形状对话框，如图 3-78 所示，从音乐形状中选择高音谱号，绘制如图 3-79 所示的白色乐谱。

（3）按住 Ctrl+T 组合键，自由变化选区，把谱号放在合适的位置，如图 3-80 所示。设置前景色为"褐色"并填充"图层 1"，如图 3-81 所示。

（4）新建一个图层名称为"图层 2"，选择画笔工具，设置大小为"2 像素"，硬度为"100%"，如图 3-82 所示。选中两点，按住 Shift 键可以绘制如

※ 图 3-76　新建图像文件参数设置

图 3-83 所示的直线。

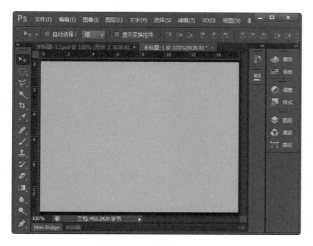

※ 图 3-77　用粉红色填充

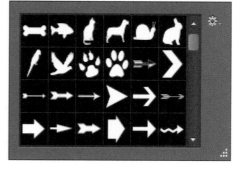

※ 图 3-78　形状对话框

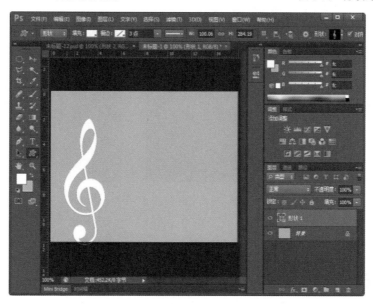

※ 图 3-79　高音乐谱

※ 图 3-80　自由变化选区

※ 图 3-81　用褐色填充选区

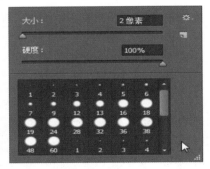

※图 3-82　设置画笔参数

※图 3-83　绘制直线

（5）选择编辑→变换→变形命令，如图 3-84 所示，或在属性栏中选择旗帜模式，对 5 条直线进行变形，得到如图 3-85 所示的线条效果。

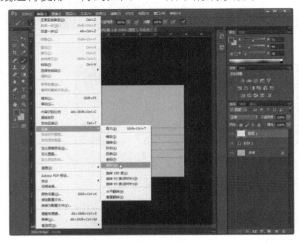

※图 3-84　选择变形命令

※图 3-85　直线变形效果图

（6）新建图层，名称为"图层 3"，绘制音乐符号，如图 3-86 所示。然后选择编辑→变换→垂直翻转命令，得到如图 3-87 所示的效果。

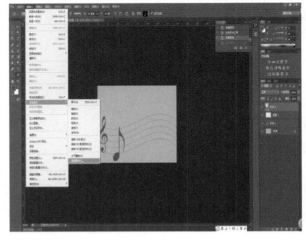

※图 3-86　添加音乐符号

※图 3-87　垂直翻转

（7）再次载入第2个音乐符号的选区，选择编辑→变换命令，调整符号的大小，调整好后按工具属性栏上的 按钮，得到如图3-88所示的效果。新建图层，名为"图层4"，选择椭圆选框工具绘制一个圆，填充褐色，大小、位置如图3-89所示。

≫图3-88　调整形状　　　　　　　　≫图3-89　绘制圆

（8）再次选择椭圆选框工具，绘制一个较小的圆形选区，然后羽化"2像素"，再填充"白色"，如图3-90所示。选择画笔工具，画笔大小为4像素，硬度为"80%"，在白色区域内画3笔，得到如图3-91所示的笑脸效果。

（9）在图层面板上，将"图层3"和"图层4"同时选中，按Ctrl+E组合键合并图层，默认名称为"图层4"。然后将新"图层4"拖至面板下面的创建新图层按钮上，复制一个新图层，再单击移动工具移动笑脸的位置，得到如图3-92所示的效果。继续复制并移动，得到如图3-93所示的效果。

（10）新建"图层5"，将前景色设置为与背景色同色系的"红色"，利用自定形状工具画上其他的音乐符号，如图3-94所示。选中所有图层，调整图层面板上的不透明度为"80%"，得到如图3-95所示的效果。

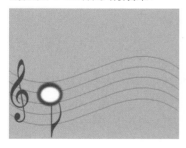
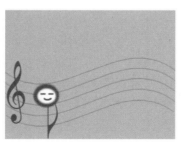
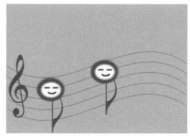

≫图3-90　绘制较小的圆　　≫图3-91　绘制笑脸效果　　≫图3-92　复制笑脸

≫图3-93　继续复制笑脸　　≫图3-94　绘制其他音乐符号　　≫图3-95　调整不透明度

（11）再次使用画笔工具，设置画笔大小约为"4像素"，书写手写体文字"开心每一天"，得到如图 3-96 所示的最终效果。

≫图 3-96 最终效果

课后练习与指导

一、选择题

1. 在"画笔"调板中，下面哪个选项中可以设置画笔笔尖不透明的动态变化。（ ）

    A．形状动态   B．散布

    C．颜色动态   D．其他动态

2. 在设置画笔笔尖的形状动态时，欲调整画笔笔尖变化的随机性，应该调整下面哪个设置项的值。（ ）

    A．圆角抖动   B．最小直径

    C．大小抖动   D．角度抖动

3. 在 Photoshop 中，除了历史画笔工具（HistoryBrushtool）外，还有哪个工具可以将图像还原到历史记录调板中图像的任何一个状态？（ ）

    A．画笔工具   B．克隆图章工具

    C．橡皮擦工具   D．模糊工具

二、填空题

1. 前景色是指_____，背景色是_____。在"工具箱"的底部，有专门设置前景色和背景色的按按钮，按钮上显示的_____。

2. 选择_____命令可以打开"色板"调板，直接在"色板"调板中_____即可实现对前景色进行更改。选择_____命令，可打开"颜色"调板。"颜色"调板主要是_____来获得需要的颜色。

三、实践题

1. 绘制放置于桌面上的台球效果，如图 3-97 所示。

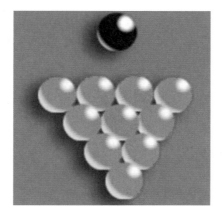

※ 图 3-97　台球效果

2. 试将如图 3-98 所示的图片制作成如图 3-99 所示的邮票效果。

※ 图 3-98　长城

※ 图 3-99　邮票效果图

3. 试用椭圆选框工具、渐变填充、自定义形状等命令，制作如图 3-100 所示"iTunes"图标。

4. 请使用 Photoshop 中的渐变工具制作如图 3-101 所示的 DVD 光盘效果。

※ 图 3-100　"iTunes"图标

※ 图 3-101　DVD 光盘效果图

5. 请使用钢笔工具、填充和画笔工具以及选区的知识，绘制如图 3-102 所示的图像。

※ 图 3-102　效果图

你知道吗

　　图像的色调和色彩是影响一幅图像品质最为重要的两个因素，对色彩和色调有缺陷的图像进行调整会使其更加完美。Photoshop CS6 在图像色彩和色调处理方面的功能非常强大。它不仅可以处理照片中经常出现的曝光过度或曝光不足的问题，而且可以解决劣质照片优质化、黑白照片彩色化等问题。

学习目标

- 熟练使用色相/饱和度调整图像
- 灵活使用匹配颜色、替换颜色、可选颜色命令调整图像色彩
- 灵活使用曲线命令调整图像
- 掌握通道混合器命令的使用
- 学会使用色阶命令调整图像色调
- 学会设置色彩平衡
- 掌握特殊色调的调整方法

项目任务 4-1　图像的色彩调整

探索时间

　　调整图像颜色是 Photoshop CS6 的重要功能之一，在 Photoshop CS6 中有十几种调整图像颜色的命令，利用它们可以对拍摄或扫描后的图像进行相应的处理，从而得到所需的效果。

　　1. 调整色相/饱和度

　　使用色相/饱和度命令，可以用来调整图像的色相和饱和度，给灰度图像添加颜色，使图像的色彩更加亮丽。选择图像→调整→色相/饱和度命令，打开色相/饱和度对话框，如图 4-1 所示，各选项的含义如下。

　　在编辑窗口下拉列表框中可以选择颜色的调整范围。其中全图表示对图像中所有颜色的像素起

※ 图 4-1　色相/饱和度对话框

作用，其余选项表示对某一颜色的像素进行调整。

- 色相：就是色彩颜色，是区别色彩种类的名称。对色相的调整也就是在多种颜色之间的变化选择。例如，光由红、橙、黄、绿、青、蓝、紫七色组成，每一种颜色即代表一种色相，取值范围为-180～180。

- 饱和度：饱和度即图像颜色的强度和纯度。它表示纯色中灰成分的相对比例数量，用百分数来衡量，0 为灰度，100%为完全饱和。调整图像的饱和度就是调整图像颜色的强度和纯度。

- 明度：就是色彩的明暗程度，即色彩的深浅差别。明度差别既指同色的深浅变化，又指不同色相之间存在的明度差别。

- 着色：选中此选项，可以将一幅灰色或黑白的图像染上一种颜色，变成一幅单彩色的图像。如果被处理的图像是彩色的，则也会变成单彩色的图像。

2. 设置匹配颜色、替换颜色、可选颜色

（1）设置图像匹配颜色。

使用匹配命令可以调整图像的亮度、色彩饱和度和色彩平衡，同时还可将当前图层中图像的颜色与下一图层中的图像或其他图像文件中的图像颜色相匹配。

选择图像→调整→匹配颜色命令，打开匹配颜色对话框，如图 4-2 所示，各选项的含义如下。

- 图像选项：选择匹配的原图像后，在该栏中选中中和复选框表示可自动移去图像中的色痕；拖动明亮度滑块可以增加或减小图像的亮度；拖动颜色强度滑块可以增加或减小图像中的颜色像素值；拖动渐隐滑块可控制应用与匹配图像的调整量，向右移动表示减小。

※ 图 4-2　匹配颜色对话框

- 图像统计：在源下拉列表框中选择需要匹配的源图像，如果选择"无"，表示用于匹配的源图像和目标图像相同，即当前图像，也可选择其他已打开的用于匹配的源图像。选择后将在右下角的预览框中显示该图像缩略图。在图层下拉列表框中用于指定匹配图像所使用的图层。

（2）替换图像颜色。

使用替换颜色命令可以很方便地在图像中针对特定颜色创建一个临时蒙版，然后替换图像中的相应颜色。选择图像→调整→替换颜色命令，打开替换颜色对话框，如图 4-3 所示。具体操作步骤如下。

第一步，用吸管工具在图像预览窗口中单击需要替换的某一种颜色。

第二步，在替换栏下方拖动 3 个滑杆上的滑块，设置新的色相、饱和度和明度。

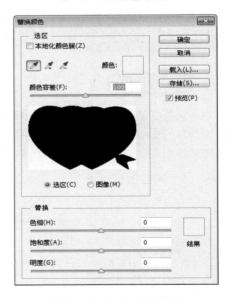

※ 图 4-3　替换颜色对话框

※图 4-4　可选颜色对话框

第三步，调整颜色容差值，数值越大，被替换颜色的图像颜色区域越大。

（3）设置图像可选颜色。

使用可选颜色命令可以选择某种颜色范围进行针对性的修改，在不影响其他颜色的情况下修改图像中某种色彩的数量，可以用来校正色彩不平衡问题和调整颜色。

选择图像→调整→可选颜色命令，打开可选颜色对话框，如图 4-4 所示。具体操作步骤如下。

第一步，在颜色下拉列表框中选择要调整的颜色。

第二步，分别拖动青色、洋红、黄色和黑色滑块，来调整 CMYK 四色的百分比值。

第三步，选中相对单选按钮，表示按 CMYK 总量的百分比来调整颜色；若选中绝对单选按钮，则表示按 CMYK 总量的绝对值来调整颜色。

3．调整颜色通道

使用通道混和器命令可以分别对各通道进行颜色调整，通过从每个颜色通道中选取其所占的百分比来创建色彩。选择图像→调整→通道混和器命令，打开通道混和器对话框，如图 4-5 所示。

4．使用变化功能

使用变化命令可以显示调整效果的缩览图，使用户很直观地调整图像的暗调、中间调、高光和饱和度。选择图像→调整→变化命令，打开变化对话框，如图 4-6 所示。

※图 4-5　通道混和器对话框

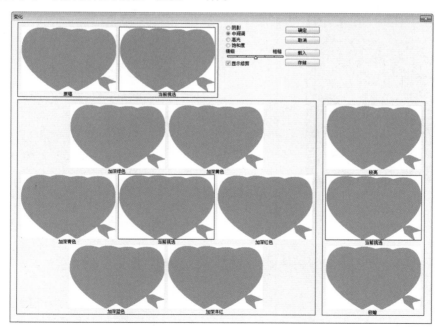

※图 4-6　变化对话框

∷ 动手做   梦幻紫色效果

把照片制作成梦幻紫色效果的步骤为：

（1）打开 Photoshop CS6，按 Ctrl+O 组合键打开图像素材，如图 4-7 所示，在菜单栏中选择图层→新建调整图层→通道混合器命令，如图 4-8 所示，出现通道混合器对话框。

※ 图 4-7   图片素材

※ 图 4-8   选择通道混合器命令

（2）选择预设为"自定"，输出通道为"红"，具体参数设置如图 4-9 所示，得到如图 4-10 所示的效果。

※ 图 4-9   参数设置

※ 图 4-10   效果图

（3）选择预设为"自定"，输出通道为"绿"，具体参数设置如图 4-11 所示，得到如图 4-12 所示的效果。

（4）选择预设为"自定"，输出通道为"蓝"，具体参数设置如图 4-13 所示，得到如图 4-14 所示的效果。

（5）在菜单栏中选择图层→新建调整图层→曲线命令，如图 4-15 所示，得到曲线属性对话框，选择预设为"自定"，对绿色通道的设置如图 4-16 所示，得到如图 4-17 所示的效果；对蓝色通道的设置如图 4-18 所示，得到如图 4-19 所示的效果。

>> 图 4-11　参数设置

>> 图 4-12　效果图

>> 图 4-13　参数设置

>> 图 4-14　效果图

>> 图 4-15　选择曲线命令

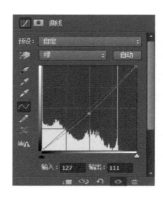

>> 图 4-16　参数设置

>> 图 4-17　绿色通道设置效果图

（6）在菜单栏中选择图层→新建调整图层→自然饱和度命令，如图 4-20 所示，自然饱和度的属性设置如图 4-21 所示。

※ 图 4-18　参数设置

※ 图 4-19　蓝色通道设置效果图

※ 图 4-20　选择自然饱和度命令

※ 图 4-21　参数设置

（7）在菜单栏中选择图层→新建调整图层→曲线命令，如图 4-22 所示，得到曲线属性对话框，选择预设为"自定"，对 RGB 通道的设置如图 4-23 所示，得到如图 4-24 所示的梦幻紫色效果。

※ 图 4-22　选择曲线命令

※ 图 4-23　参数调整

※图 4-24　梦幻紫色效果

项目任务 4-2　图像的色调调整

探索时间

对图像的色调进行控制主要是对图像明暗度的调整，例如，当一个图像显得比较暗淡时，可以将它变亮，或者是将一个颜色过亮的图像变暗。调整图像的色调，一般可以使用色阶、对比度和曲线命令来完成，下面介绍其具体功能。

1. 色阶与自动色调

（1）使用色阶命令。

使用色阶命令可以调整整个图像的明暗程度，也可以调整图像中某一选取范围。选择图像→调整→色阶命令，打开色阶对话框，如图 4-25 所示。各选项的含义如下。

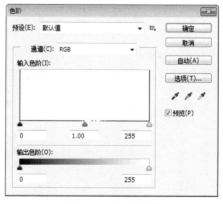

※图 4-25　色阶对话框

- 通道：用户可以选择要查看或调整的颜色通道，有 RGB、红、绿和蓝 4 种通道，一般都选择 RGB 选项，表示对整幅图像进行调整。

- 输入色阶：第一个文本框用于设置图像的暗部色调，低于该值的像素将变为黑色，取值范围为 0～253；第二个文本框用于设置图像的中间色调，取值范围为 0.01～9.99；第三个文本框用于设置图像的亮部色调，高于该值的像素将变为白色，取值范围为 1～255。

- 输出色阶：第一个文本框用于提高图像的暗部色调，取值范围为 0～255；第二个文本框用于降低图像的亮度，取值范围为 0～255。

- 直方图：直方图是用图形表示图像每个亮度色阶处的像素数目，可以显示图像是否包含有足够的细节进行较好的校正，也提供图像色调范围的快速浏览图，或图像的基本色调类型。暗色调图像的细节都集中在暗调处（在直方图的左边部分显示），亮色调图像的细节都集中在高光处（在直方图的右边部分显示），中间色调则在直方图的中间部分显示。

- 黑色吸管：用该吸管单击图像，图像上所有像素的亮度值都会减去选取色的亮度值，使图像变暗。
- 灰色吸管：用该吸管单击图像，Photoshop 将用吸管单击处的像素亮度来调整图像所有像素的亮度。
- 白色吸管：用该吸管单击图像，图像上所有像素的亮度值都会加上选取色的亮度值，使图像变亮。
- 自动：单击该按钮，Photoshop 将应用自动颜色校正来调整图像。
- 选项：单击该按钮将打开自动颜色校正选项对话框，可以设置暗调、中间值的切换颜色和自动颜色校正的算法。
- 预览：选中该复选框，在原图像窗口中可以预览图像调整后的效果。

（2）自动色调。

选择图像→自动色调命令，系统会自动检索图像的亮部和暗部，它们将每个通道中的最亮和最暗像素定义为白色和黑色，然后按比例重新分配中间像素值。在默认情况下，自动色调功能会减少白色和黑色像素 0.5%，即在标识图像中的最亮和最暗像素时它会忽略两个极端像素值的 0.5%，这种颜色值剪切可保证白色和黑色值是基于代表性像素值，而不是极端像素值。通俗地说，就是它会自动调整图像的亮度，让白色减少一部分，黑色减少一部分，使图像的亮度重新分配。

2．自动对比度及自动颜色

使用图像→自动对比度命令，可以自动将图像中最亮和最暗部分变成白色和黑色，从而使亮部变得更亮，暗部变得更暗，扩大整个图像的对比度。

选择图像→自动颜色命令，可以让系统自动地对图像进行颜色校正。它可以根据原来图像的特点，将图像的明暗对比度、亮度、色调和饱和度一起调整，能够快速纠正色偏和饱和度过高等问题，同时兼顾各种颜色之间的协调一致，使图像更加圆润、丰满，色彩也更自然。

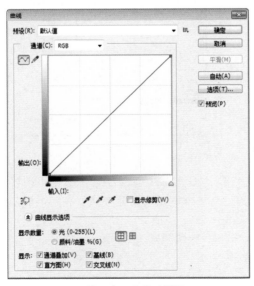

※ 图 4-26　曲线对话框

3．修改图像色彩曲线

使用曲线命令可以对图像的色彩、亮度和对比度进行综合调整。该菜单实际上是反相、色调分离、亮度/对比度等多个菜单的综合。与色阶一样，曲线允许调整图像的色调范围，但它不是只使用 3 个变量（高光、暗调和中间调）来进行调整，用户可以调整 0～255 范围内（灰阶曲线）的任意点，同时又可保持 15 个其他值不变，因为曲线上最多只能有 16 个调节点。与色阶命令不同的是，它可以在暗调到高光这个色调范围内对多个不同的点进行调整，常用于改变物体的质感。选择图像→调整→曲线命令，打开曲线对话框，如图 4-26 所示，各选项的含义如下。

- 图表：水平轴表示原来图像的亮度值，即图像的输入值，垂直轴表示图像处理后的亮度值，即图像的输出值。单击图表下面的光谱条，可在黑色和白色之间切换。在图表上的暗调、中间调或高光部分区域的曲线上单击，将创建一个相应的调节点，然后通过拖动调节点即可调整图像的明暗度。

- ⤳工具：用来在图表中添加调节点。光标移动到曲线表格中变成"+"形状，单击可以产生一个节点。若想将曲线调整成比较复杂的形状，可以添加多个调节点进行调整。对于不需要的调节点，可以选中后用 Delete 键删除。

- ✏工具：用来随意在图表上画出需要的色调曲线。选中铅笔工具后，在曲线表格内移动鼠标就可以绘制色调曲线。用这种方法绘制的曲线往往很不平滑，单击平滑按钮即可解决这个问题。

4．设置色彩平衡

使用色彩平衡命令可以方便快捷地改变彩色图像中的颜色混合，从而使整个图像色彩平衡。它只作用于复合颜色通道，若图像有明显的偏色可用该命令来纠正。

选择图像→调整→色彩平衡命令，打开色彩平衡对话框，如图 4-27 所示，各选项的含义如下。

※图 4-27　色彩平衡对话框

- 色彩平衡：通过调整滑块或者在文本框中输入-100～100 之间的数值，可以控制 CMY 三原色到 RGB 三原色之间对应的色彩变化。调整色彩时三角形滑块靠拢某种颜色表示增加该颜色，远离某种颜色表示减少该颜色。当 3 个数值都设置为 0 时，图像色彩无变化。

- 色调平衡：用于选择需要着重进行调整的色彩范围，选中某一单选按钮后可对相应色调的颜色进行调整。选中保持明度复选框表示调整色彩时保持图像亮度不变。

※动手做　将照片转换为傍晚效果

（1）在菜单中执行文件→打开命令，打开图片素材"海边.jpg"，如图 4-28 所示。按 Ctrl+J 组合键两次得到两个图层副本，在上面的图层小眼睛上单击，隐藏该图层，选择下面的图层 1，如图 4-29 所示。

※图 4-28　海边素材

※图 4-29　复制并选择图层

（2）在菜单中执行图像→调整→照片滤镜命令，如图 4-30 所示，打开照片滤镜对话框，选择滤镜为"加温滤镜（85）"，设置浓度为"100%"，如图 4-31 所示。

（3）设置完毕后单击确定按钮，效果如图 4-32 所示。

》图 4-30　选择照片滤镜命令

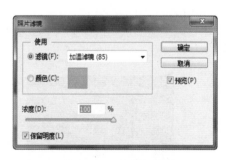

》图 4-31　照片滤镜对话框

》图 4-32　暖色调

（4）在菜单中执行图像→调整→色阶命令，如图 4-33 所示，打开色阶对话框，参数设置如图 4-34 所示。

（5）设置完毕后单击确定按钮，效果如图 4-35 所示。

（6）显示并选择"图层 1 副本"，设置不透明度为 50%，效果如图 4-36 所示。

（7）选择图层 1，在菜单中执行图像→调整→色彩平衡命令，如图 4-37 所示，打开色彩平衡对话框，具体的参数设置如图 4-38 所示。

（8）设置完毕后单击确定按钮，得到最终的图像效果如图 4-39 所示。

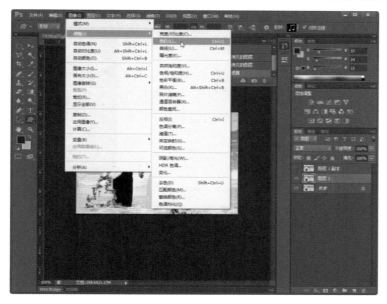

※ 图 4-33 执行色阶命令

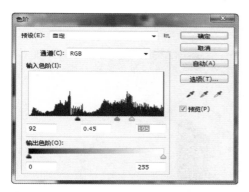

※ 图 4-34 色阶对话框

※ 图 4-35 调整色阶

※ 图 4-36 调整不透明度

※ 图 4-37　选择色彩平衡命令

※ 图 4-38　色彩平衡对话框

※ 图 4-39　最终傍晚效果图

项目任务 4-3　图像特殊色调调整

探索时间

1. 黑白与反相

使用黑白命令可以将彩色图像转换为灰度图像，但是图像颜色模式保持不变。选择图像→调整→黑白命令，打开黑白对话框，如图 4-40 所示。各选项的含义如下：

- 预设：在该下拉列表中可以选择一个预设的调整设置。
- 色调：对灰度应用色调，同时也可以移动色相和饱和度滑块。
- 自动按钮：设置基于图像的颜色值的灰度混合，并使

※ 图 4-40　黑白对话框

灰度值的分布最大化。

使用反相命令可以获得一种类似照片底版效果的图像，它可以使图像颜色的相位相反，就是在通道中每个像素的亮度值都转化为 256 级亮度值刻度上相反的值。例如，原亮度值为 60 的像素，经过反相之后其亮度值变成 196。

≫ 图 4-41　阈值对话框

2．设定图像阈值

使用阈值命令可以将一张彩色或灰度的图像调整成高对比度的黑白图像，这样便可区分出图像中的最亮和最暗区域。用户可以指定某个色阶作为阈值，即所有比阈值大的像素将转换为白色，而比阈值小的像素将转换为黑色。选择图像→调整→阈值命令，打开阈值对话框，如图 4-41 所示。

3．图像色调分离

使用该命令可以指定图像中每个通道的色调级（或亮度值）的数目，然后将像素映射至最接近的匹配色调上，减少并分离图像的色调。

选择图像→调整→色调分离命令，打开色调分离对话框，如图 4-42 所示，在该对话框中设置色调级数目即可。

4．渐变映射

使用渐变映射命令可以将图像中的最暗色调对应为某一渐变的最暗色调，将图像中的最亮色调对应为某一渐变的最亮色调，从而将整个图像的色阶映射为这一渐变的所有色阶。

≫ 图 4-42　色调分离对话框

≫ 图 4-43　渐变映射对话框

选择图像→调整→渐变映射命令，打开渐变映射对话框，如图 4-43 所示。

5．HDR 色调

使用 HDR 色调命令可以修补太亮或者太暗的图像，制作出高动态范围的图像效果。选择图像→调整→HDR 色调命令，打开 HDR 色调对话框，如图 4-44 所示。各选项的含义如下。

- 方法：在该下拉列表中包括"曝光度和灰度系数"、"高光压缩"、"色调分化直方图"和"局部适应" 4 个选项，用户可以从这 4 个选项中选择适合的选项来调整图像色调，一般情况下，系统默认的是"局部适应"选项。
- 边缘光：拖拽"半径"滑块可以调节图像色调变化的范围；拖拽"强度"滑块可以调节图像色调变化的强度。
- 色调和细节：该选项组可以使图像的色调和细节更加丰富多彩。
- 高级：该选项组可以使图像的整体色彩变得更加艳丽。
- 色调曲线和直方图：单击该选项即可打开色调曲线和直方图，用户可以在图中调整图像的色调。

≫ 图 4-44　HDR 色调对话框

∷ 动手做　制作水彩图像效果

（1）打开"美女"图像文件，如图 4-45 所示。打开图层面板，按快捷键 Ctrl+J 复制图像，如图 4-46 所示所示。

※ 图 4-45　原图片

※ 图 4-46　图层面板

（2）选择图像→调整→阈值命令，弹出阈值对话框，如图 4-47 所示，将"阈值色阶"值设为"193"。此时图像被调整为对比度高的黑白效果，如图 4-48 所示，单击确定按钮。

※ 图 4-47　阈值对话框

※ 图 4-48　图像效果

（3）选择滤镜→滤镜库→木刻命令，弹出木刻对话框，在其中设置相应的值，如图 4-49 所示。设置完成后，单击确定按钮，图像应用木刻滤镜效果，可以看到黑白图像的边缘变得柔和。

※ 图 4-49　木刻对话框

（4）打开图层面板，将图层的"混合模式"选为"柔光"，如图 4-50 所示。实例制作完成后，最终效果如图 4-51 所示。

≫ 图 4-50　图层面板　　　　　　　　　　　　　　　　　　≫ 图 4-51　最终效果

课后练习与指导

一、选择题

1. 色阶（Level）对话框中输入色阶的水平轴表示的是（　　）数据。
    A. 色相　　　　　　　B. 饱和度　　　　　　C. 亮度　　　　　　D. 像素数量

2. 在曲线对话框中曲线可以增加（　　）个节点。
    A. 10　　　　　　　　B. 12　　　　　　　　C. 14　　　　　　　D. 16

3. 在"图像"→"调整"→"曲线"命令的对话框中，X 轴和 Y 轴分别代表的是（　　）。
    A. 输入值、输出值　　　　　　　　　　B. 输出值、输入值
    C. 高光、暗调　　　　　　　　　　　　D. 暗调、高光

4. 在"图像"→"调整"菜单命令中，调整颜色最精确的方法是（　　）。
    A. 色阶　　　　　　　B. 曲线　　　　　　　C. 色相/饱和度　　　D. 色彩平衡

5. 使用"色调分离"命令，在 RGB 图像中指定两种色调级，能得到（　　）种颜色。
    A. 3　　　　　　　　　B. 4　　　　　　　　　C. 5　　　　　　　　D. 6

6. 当图像偏蓝时，使"变化"菜单命令应当给图像增加（　　）颜色。
    A. 蓝色　　　　　　　B. 绿色　　　　　　　C. 黄色　　　　　　D. 洋红

7. 一幅全黑的图像按什么快捷键可变成白色？（　　）
    A. Command/Ctrl+I　　　　　　　　　B. Command/Ctrl+W
    C. Command/Ctrl+E　　　　　　　　　D. Command/Ctrl+R

8. 若将图像中所有的颜色变成其补色，则快捷键是（　　）。
    A. Command/Ctrl+X　　　　　　　　　B. Command/Ctrl+T
    C. Command/Ctrl+I　　　　　　　　　D. Command/Ctrl+D

二、判断题

1. 色阶命令是通过设置色彩的明暗度来改变图像的明暗及反差效果的。 （   ）
2. 使用"亮度/对比度"命令可一次性调整图像中的所有像素。 （   ）
3. "阈值"命令可以将灰度图像或彩色图像转换成高对比度的黑白图像。 （   ）

三、实践题

1. 试将如图 4-52 所示建筑物的图片转换成如图 4-53 所示的傍晚效果图。

※图 4-52　建筑物

※图 4-53　傍晚效果图

2. 试将如图 4-54 所示人物照片制作成如图 4-55 所示的水彩效果图。

※图 4-54　人物素材

※图 4-55　水彩效果图

3. 试将如图 4-56 所示的风景图片色彩调整为如图 4-57 所示的效果。

※图 4-56　原图片

※图 4-57　效果图

4. 试将如图 4-58 所示的人物图片色彩调整为如图 4-59 所示的效果。

≫图 4-58　原图片

≫图 4-59　效果图

5. 试将如图 4-60 所示的照片色彩调整为如图 4-61 所示的效果。

≫图 4-60　原图像

≫图 4-61　效果图

模 块
05
编辑与修饰图像

你知道吗

Photoshop CS6 中的绘图是指通过相应的工具在文件中重新创建图像，被绘制的图像之前是不存在的；修饰与编辑图像指的是在原来的基础上对其进行加工和修正，将瑕疵部位修复。关于绘图的基本知识前面已介绍过，本章介绍 Photoshop CS6 修饰与编辑图像的一些基本知识及其应用。

学习目标

- 熟练掌握编辑图像的基本操作
- 熟练掌握修复画笔工具的使用
- 熟练掌握模糊工具的使用
- 熟练掌握加深与减淡工具的使用
- 熟练掌握图章工具的使用

项目任务 5-1 基本编辑操作

探索时间

编辑图像最基本的操作是图像的移动、复制和删除，这些操作必须掌握。

1. 移动图像

移动图像的操作非常简单，选择工具箱中的移动工具，按下鼠标并拖动，或者按方向键，就可以方便地移动图像或选区。

例如，打开一幅图，利用选框工具选择一个图像区域，再使用移动工具拖动该区域，便可移动所选的图像，如图 5-1 所示。在同一个图像窗口中移动时，原位置的图像将被删除，如图 5-2 所示。

※ 图 5-1　原图像　　　　※ 图 5-2　移动后的图像

2. 复制与删除图像

移动图像时按住 Alt 键不放可以复制图像，另外还有以下几种复制方式。

（1）创建选区后，选择编辑→拷贝命令或按 Ctrl+C 组合键，再选择编辑→粘贴命令或按 Ctrl+V 组合键，即可将图像复制到新的图层中。

（2）复制选区内所有图层的图像，在粘贴时合并图层。如图 5-3 所示，在小鸟图层中创建椭圆选区，然后选择编辑→合并拷贝命令；再新建一个图像文件，选择编辑→粘贴命令或按 Ctrl+V 组合键，得到如图 5-4 所示的效果。

※ 图 5-3　建立选区　　　　　　　　※ 图 5-4　在新文件里复制选区

（3）利用编辑→选择性粘贴→贴入命令将图像复制到一个选区中，图像在选区以内的部分被显示，而在选区以外的部分将被隐藏。

例如，打开图片"球.jpg"，选择魔棒工具，容差设为"10"，选择白色背景，然后反选，即可选中两个球，如图 5-5 所示，再选择编辑→拷贝命令；然后打开图片"镜框显示.jpg"，并在屏幕位置创建矩形选区，如图 5-6 所示。

选择编辑→选择性粘贴→贴入命令将这两个球复制到选区，选区内将显示被贴入的图像；最后再利用移动工具移动贴入的图像，以调整被显示部分的位置，如图 5-7 和图 5-8 所示，分别为贴入后用移动工具移动复制过来的左右两个球的图像。

※ 图 5-5　选中两个球　　　　※ 图 5-6　打开图像并创建选区　　　　※ 图 5-7　显示左边球

（4）利用图像→复制命令可以将整个图像，包括所有图层、图层蒙版和通道，复制到一个新的图像窗口中。

删除选区内的图像，只要选择编辑→清除命令即可，也可以按 Delete 键。

3．使用历史记录面板

历史记录面板用于各种撤销动作，面板上列出了对当前图像所做的各种编辑动作，总步数受限于暂存盘的可用空间大小及在编辑→首选项中设置的"最大历史记录状态数"。要想转到以前的一个阶段，只需单击历史记录面板中的这一步即可进行下一阶段的编辑。

※ 图 5-8　显示右边球

项目任务 5-2　裁切与变换图像

探索时间

在处理图像时，如果需要裁切其中的一部分作为新的图像，可以使用裁剪工具和裁切命令。

1．裁剪图像

使用裁剪工具 ⬚ 可以保留图像中需要的区域，将其余部分裁剪掉。使用该工具时，先在图像中拖动鼠标画出需要的区域，如图 5-9 所示（该区域可以移动、缩放和旋转），然后双击鼠标即可裁剪到此区域；或者用裁剪工具画出需要的区域后，在工具箱中再单击该工具，弹出确认裁切对话框，单击裁剪按钮，便可完成裁剪，效果如图 5-10 所示。

2．清除图像空白边缘

选择图像→裁切命令，可以去除图像周围的空白区域，裁切对话框如图 5-11 所示。

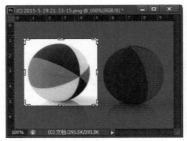
※图 5-9　画出需要的区域

※图 5-10　裁剪后的效果

※图 5-11　裁切对话框

3．变换图像

变换图像是指对图像进行缩放、旋转、斜切、扭曲、透视、变形以及翻转等操作。选择编辑→自由变换或变换命令，即可执行这些变换。执行变换操作后，在选区内双击鼠标或按回车键，可应用该变换。

动手做　制作大树倒影

（1）打开 Photoshop CS6，按 Ctrl+O 组合键打开大树图像素材，如图 5-12 所示，按 Ctrl+J 组合键复制并新建一个"图层 1"，如图 5-13 所示。在 Photoshop CS6 图层面板中双击背景图层，出现新建图层对话框，如图 5-14 所示，单击确定按钮，使其变为可编辑图层，默认名称为"图层 0"，如图 5-15 所示。

※图 5-12　大树素材

（2）选中"图层 1"，在 Photoshop CS6 的菜单栏中选择编辑→变换→缩放命令，如图 5-16 所示，对"图层 1"进行缩放处理，将图片向上压缩至原图大小的一半多一些，如图 5-17 所示。

（3）选中"图层 0"，在 Photoshop CS6 的菜单栏中选择编辑→变换→缩放命令，如图 5-18 所示，对"图层 0"向下压缩，直至与"图层 1"无缝拼接，得到如图 5-19 所示的效果。

>> 图 5-13　复制图层　　　　　　　>> 图 5-14　新建图层对话框　　　　　>> 图 5-15　可编辑图层

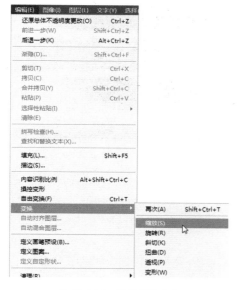

>> 图 5-16　选择缩放命令　　　　　　　　　>> 图 5-17　缩放效果

>> 图 5-18　选择缩放命令　　　　　　　　　>> 图 5-19　压缩效果

（4）选中"图层 0"，在菜单栏中选择编辑→变换→垂直翻转命令，如图 5-20 所示，得到如图 5-21 所示的效果

※ 图 5-20　选择垂直翻转命令

※ 图 5-21　翻转效果

（5）选中"图层 0"，在 Photoshop CS6 的菜单栏中选择滤镜→模糊→模糊命令，如图 5-22 所示，多次按 Ctrl+F 组合键，直至达到如图 5-23 所示的水中模糊倒影的效果。

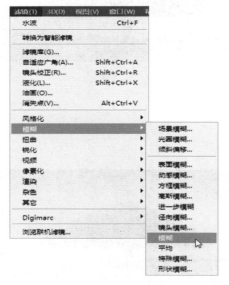

※ 图 5-22　选择模糊命令

※ 图 5-23　模糊倒影效果

（6）在 Photoshop CS6 的工具箱中选择椭圆选框工具，在"图层 0"上画一个椭圆，如图 5-24 所示，大小为将要制作的水波范围。在菜单栏中选择滤镜→扭曲→水波命令，如图 5-25 所示，出现水波对话框，参数设置如图 5-26 所示，单击确定按钮，得到如图 5-27 所示的效果。

※ 图 5-24　创建椭圆选区

※ 图 5-25　选择水波命令

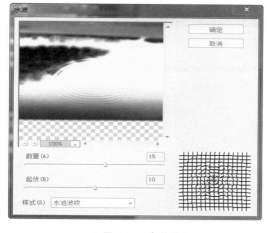

※ 图 5-26　参数设置

※ 图 5-27　波纹效果

（7）在图层面板中新建一个"图层 2"，并将它拖动到图层面板的底层，如图 5-28 所示。将"图层 2"的颜色填充为蓝色，并调整"图层 0"的不透明度，如图 5-29 所示，直至达到如图 5-30 所示的湖面颜色效果。

※ 图 5-28　新建并调整图层

※ 图 5-29　调整不透明度

>> 图 5-30　最终效果

项目任务 5-3 ▶ 细节修饰图像

探索时间

1．使用模糊工具修饰图像

为了突出图像中的某一事物，用户可以使用模糊工具 ，将其他事物进行模糊修饰。模糊工具 位于工具箱的模糊工具组中，选择该工具后，其属性栏显示如图 5-31 所示。模糊工具属性栏中各选项功能与画笔工具相似，这里不再详细讲解。

>> 图 5-31　模糊工具属性栏

使用模糊工具修饰图像的方法为：打开需要模糊修饰的图像，在工具箱中选择模糊工具 ，在属性栏的"强度"文本框中设置模糊的程度，数值越大越模糊；再将光标移动到图像中，在背景图上按住鼠标左键拖动即可。图 5-32 和图 5-33 所示分别为背景模糊前和模糊后的效果。

>> 图 5-32　背景模糊前

>> 图 5-33　背景模糊后

2．使用锐化工具修饰图像

锐化工具用于增加边缘的对比度以增强外观上的锐化程度。用此工具在某个区域上方绘制的次数越多，增强的锐化效果就越明显。

提示

选择锐化工具后，显示其属性栏，如图 5-34 所示，它与模糊工具属性栏相似，只多出了"保护细节"复选框，选中该复选框可以使被锐化的边缘更加流畅。

※ 图 5-34　锐化工具属性栏

3．使用涂抹工具修饰图像

涂抹工具也位于工具箱的模糊工具组中，用来模拟手指进行涂抹绘制的效果，使用它时将会提取最先单击处的颜色，然后与鼠标拖动经过的颜色相融合挤压产生模糊的效果。涂抹工具不能在位图和索引颜色模式的图像上使用。

4．使用减淡工具或加深工具修饰图像

减淡工具和加深工具基于用于调节照片特定区域的曝光度的传统摄影技术，可用于使图像区域变亮或变暗。摄影师可遮挡光线以使照片中的某个区域变亮（减淡），或增加曝光度以使照片中的某些区域变暗（加深）。用减淡或加深工具在某个区域上方绘制的次数越多，该区域就会变得越亮或越暗。其属性栏如图 5-35 所示。

※ 图 5-35　减淡或加深工具属性栏

- "范围"下拉列表框：用于设置加深的作用范围，在其下拉列表框中可选择"阴影"、"中间调"或"高光"。
- "曝光度"文本框：用于设置对图像加深的程度，其取值在 0%～100%之间，输入的数值越大，对图像的加深效果越明显。
- "保护色调"复选框：选中该复选框，可以进行最小化阴影和高光中的修剪，并防止颜色发生色相偏移。

5．使用海绵工具修饰图像

海绵工具位于工具箱的减淡工具组中，使用该工具可增加或减淡图像的饱和度，其属性栏如图 5-36 所示。

※ 图 5-36　海绵工具属性栏

该属性栏特有的选项功能介绍如下。
- "模式"下拉列表框：在该下拉列表框中选择"降色"选项可降低图像颜色的饱和度，选择"加色"选项可增加图像颜色的饱和度。

● "流量"下拉列表框：用来设置降色或加色的程度，也可以用来设置喷枪效果。

项目任务 5-4　细节修复图像

探索时间

1．使用污点修复画笔工具修复图像

污点修复画笔工具![icon]可以快速移去照片中的污点和其他不理想部分。污点修复画笔的工作方式与修复画笔类似：它使用图像或图案中的样本像素进行绘画，并将样本像素的纹理、光照、透明度和阴影与所修复的像素相匹配。与修复画笔不同，污点修复画笔不要求指定样本点。污点修复画笔将自动从所修饰区域的周围取样。污点修复画笔工具属性栏如图 5-37 所示。

》图 5-37　污点修复画笔工具属性栏

● 模式：用来设置修复时的混合模式。
● 类型：可以选择一种修复方法。选择"近似匹配"选项，使用选区边缘周围的像素来修补选定的图像区域；选择"创建纹理"选项，使用选区中的所有像素创建一个用于修复该区域的纹理
● 近似匹配：勾选"近似匹配"单选项时，如果没有为污点建立选区，则样本自动采用污点外部的像素；如果在污点周围绘制选区，则样本采用选区外围的像素。
● 创建纹理：勾选"创建纹理"单选项时，使用选区中的所有像素创建一个用于修复该区域的纹理。如果纹理不起作用，请尝试再次拖过该区域。
● 内容识别：该选项为智能修复功能，使用工具在图像中涂抹，鼠标经过的位置，系统会自动对画笔周围的像素经过的位置进行填充修复。
● 对所有图层取样：选中此选项，可从所有可见图层中对数据进行取样；如果取消此选项，则只从当前图层中取样。

提示

　　使用污点修复画笔工具修复图像时最好将画笔调整得比污点大一些；如果修复区的边缘像素反差较大，建议在修复周围先创建选取范围再进行修复。

2．使用修复画笔工具修复图像

修复画笔工具![icon]可用于校正图像中的瑕疵，可以利用图像或图案中的样本像素来绘画，并将样本像素的纹理、光照、透明度和阴影与所修复的像素进行匹配，从而使修复后的像素不留痕迹地融入图像的其余部分。修复画笔工具属性栏如图 5-38 所示。

》图 5-38　修复画笔工具属性栏

● 模式：用于设置色彩模式。
● 源：用于设置修复画笔工具修复图像的来源。"取样"可以使用当前图像的像素，而

"图案"可以使用某个图案的像素。如果选择了"图案",请从"图案"弹出面板中选择一个图案。

- 对齐：选中此复选框，在复制图像时即使释放鼠标按钮，也不会丢失当前取样点，即保持了复制图像的连续性。如果取消选择"对齐"，则会在每次停止并重新开始绘制时使用初始取样点中的样本像素。
- 样本：用于设置从哪些图层中进行数据取样。选择"当前和下方图层"，表示要从现用图层及其下方的可见图层中取样；选择"当前图层"，表示仅从现用图层中取样；选择"所有图层"，表示要从所有可见图层中取样。选择"所有图层"，并单击"样本"弹出式菜单右侧的"忽略调整图层"图标 ，表示要从调整图层以外的所有可见图层中取样。

3．使用修补工具修复图像

修补工具 可以用其他区域或图案中的像素来修复选中的区域。像修复画笔工具一样，修补工具会将样本像素的纹理、光照和阴影与源像素进行匹配。修补工具属性栏如图 5-39 所示。

※ 图 5-39　修补工具属性栏

- 选区按钮：单击新选区按钮，拖动修补工具鼠标可以创建一个新选区；单击添加到选区按钮，可以将新绘制的选区添加到现有选区中；单击从选区减去按钮，可以从现有选区中减去新绘制的选区；单击与选区交叉按钮，只保留新绘制的选区与现有选区相交叉的部分。
- 修补：选择源选项，将选区边框拖动到想要从中取样的区域，松开鼠标按钮时，原来选中的区域被拖到新区域中的像素进行修补；选择目标选项，将选区边框拖动到要修补的区域，释放鼠标按钮时，将利用原选区中的像素修补新选定的区域。
- 目标：与"源"相反，要修补的是选区被移动后到达的区域而不是移动前的区域。
- 透明：选择此选项，可以从取样区域中抽出具有透明背景的纹理；取消此选项，可以将目标区域全部替换为取样区域。
- 使用图案：当使用修补工具在图像中建立选区后，可以激活使用图案选项。从图案面板中选择一个图案，并单击使用图案按钮。

4．红眼工具

红眼工具 可移去用闪光灯拍摄的人像或动物照片中的红眼，也可以移去用闪光灯拍摄的动物照片中的白色或绿色反光。红眼工具属性栏如图 5-40 所示。

※ 图 5-40　红眼工具属性栏

- 瞳孔大小：用于设置瞳孔的大小，即去掉红眼后眼睛黑色部分的中心。
- 变暗量：用于设置去掉红眼后图像的变暗量。

红眼工具的使用方法是：在工具箱中选取红眼工具，然后在工具选项栏中设置合适的参数，最后在图像中红眼部位单击即可。图 5-41 和图 5-42 分别为去红眼前与去红眼后的效果。

※ 图 5-41　去红眼前　　　※ 图 5-42　去红眼后

5．仿制图章工具与图案图章工具

（1）仿制图章工具。

仿制图章工具 ![] 将图像的一部分绘制到同一图像的另一部分，或绘制到具有相同颜色模式的任何打开文档的另一部分。也可以将一个图层的一部分绘制到另一个图层。仿制图章工具对于复制对象或移去图像中的缺陷很有用。

要使用仿制图章工具，请在要从其中复制（仿制）像素的区域上设置一个取样点，并在另一个区域绘制。要在每次停止并重新开始绘画时使用最新的取样点进行绘制，请选择对齐选项。取消选择对齐选项将从初始取样点开始绘制，而与停止并重新开始绘制的次数无关。

可以对仿制图章工具使用任意的画笔笔尖，这样能够准确控制仿制区域的大小。也可以使用不透明度和流量设置，以控制对仿制区域应用绘制的方式。

（2）图案图章工具。

图案图章工具 ![] 可以利用从图案库中选择图案或者自己创建图案进行绘画。图案图章工具选项栏中的多数选项都与修复画笔相同。

图案图章工具的使用方法：在工具箱中选取此工具，然后在选项栏中选择一个图案（若需要的图案不存在，应先定义图案），最后按住鼠标左键在图像中拖动，即可复制出图案。

⟫⟫ 动手做　制作漂移陆地效果

（1）选择文件→新建命令，新建一个图像文件。设置宽度和高度为"1000 像素×800 像素"，分辨率为"72 像素/英寸"，颜色模式为"RGB"，背景内容为"白色"，如图 5-43 所示，单击确定按扭。然后为其填充渐变色，如图 5-44 所示。

※ 图 5-43　新建文档

（2）打开大山图片素材，如图 5-45 所示，将其拖入背景层，按 Ctrl+T 组合键进行自由变化，调整大小和位置，并利用多边形套索工具画出一个选区，如图 5-46 所示。

※ 图 5-44　填充渐变色　　　※ 图 5-45　大山图片素材　　　※ 图 5-46　画出选区

（3）按 Shift+F7 组合键反选选区，如图 5-47 所示，按 Delete 键将选区删除，得到如图 5-48 所示的效果。

※图 5-47 反选选区

※图 5-48 将选区删除

（4）按 Ctrl+B 组合键打开色彩平衡对话框，参数设置如图 5-49 所示，单击确定按钮，得到如图 5-50 所示的效果图。

※图 5-49 色彩平衡对话框

※图 5-50 新色彩效果图

（5）打开岩石素材，如图 5-51 所示，将其拖入大山场景，调整好大小，使它全部覆盖到大山的下半部，如图 5-52 所示。

※图 5-51 岩石素材

※图 5-52 拖入新素材

（6）选择图像→调整→色相\饱和度命令，如图 5-53 所示，打开色相\饱和度对话框，参数设置如图 5-54 所示，单击确定按钮。

（7）按住 Ctrl 键，单击山的图层，得到一个选区，反选选区，如图 5-55 所示。再单击岩石图层，按 Delete 键删除，得到如图 5-56 所示的效果图。

（8）为岩石图层添加图层蒙版，选择画笔工具，设置前景色为"黑色"，涂抹边缘，使其

※图 5-54 色相\饱和度对话框

与山过渡自然，如图 5-57 所示。

» 图 5-53　选择色相\饱和度命令

» 图 5-55　反选选区

» 图 5-56　删除选区

» 图 5-57　添加蒙版

（9）新建图层，前景色设为深褐色，拾色器对话框的参数设置如图 5-58 所示。在岩石和山交界处绘制，将图层面板的混合模式改为"正片叠底"模式，如图 5-59 所示。得到如图 5-60 所示的效果图。

» 图 5-58　拾色器对话框

» 图 5-59　图层面板

» 图 5-60　效果图

（10）单击岩石图层，选择加深和减淡工具，处理出岩石的高光和暗光部分，得到如图 5-61 所示的效果图。然后选择滤镜→模糊→高斯模糊命令，为图层添加朦胧效果，如图 5-62 所示。

※图 5-61　为岩石添加明暗效果

※图 5-62　添加高斯模糊效果

（11）利用多边形套索工具在岩石层上套出若干个多边形，按 Alt 键依次复制到岩石下面，得到最终如图 5-63 所示的漂移陆地效果图。

※图 5-63　最终效果图

课后练习与指导

一、选择题

1. 当编辑图像时，使用"减淡"工具可以达到的目的是（　　）。

    A．使图像中某些区域变暗　　　　　B．删除图像中的某些像素

    C．使图像中某些区域变亮　　　　　D．使图像中某些区域的饱和度增加

2. 使用"仿制图章"工具在图像中取样的方法是（　　）。

    A．在取样的位置单击并拖拉

    B．按住 Shift 键的同时单击取样位置来选择多个取样像素

    C．按住 Alt 键的同时单击取样位置

    D．按住 Ctrl 键的同时单击取样位置

3．下面哪个工具可以将图案填充到选区内？（　　　）

    A．画笔　　　　　　　B．图案图章　　　　　C．仿制图章　　　　　D．喷枪

4．Photoshop 中利用仿制图章工具不可以在哪个对象之间进行克隆操作？（　　　）

    A．两幅图像之间　　　B．两个图层之间　　　C．原图层　　　　　　D．文字图层

5．Photoshop 中利用仿制图章工具操作时，首先要按什么键进行取样？（　　　）

    A．Ctrl　　　　　　　B．Alt　　　　　　　　C．Shift　　　　　　　D．Tab

6．Photoshop 中可以根据像素颜色的近似程度来填充颜色，并且填充前景色或连续图案的
工具是下列哪一个？（　　　）

    A．魔术橡皮擦工具　B．油漆桶工具　　　C．渐变填充工具　　D．背景橡皮擦工具

二、判断题

1．海绵工具用于改变色彩的饱和度。　　　　　　　　　　　　　　　　　　　　（　　　）

2．"历史记录"面板最多可以记录 10 步。　　　　　　　　　　　　　　　　　　（　　　）

3．选择另一个工具能取消变换的操作。　　　　　　　　　　　　　　　　　　　（　　　）

三、实践题

1．请使用模糊工具，将图 5-64 照片的背景虚化成如图 5-65 所示的效果。

≫ 图 5-64　人物素材　　　　　　　　　　　　　　　≫ 图 5-65　效果图

2．试利用红眼工具，将图 5-66 所示人物照片的红眼去除，得到如图 5-67 所示的效果。

≫ 图 5-66　红眼照片　　　　　　　　　　　　　　　≫ 图 5-67　去除红眼后的效果

3．根据本章所学图像编辑的知识，利用图层的复制、翻转、变换等功能，将如图 5-68 所

示景物的图片制作成如图 5-69 所示的水中倒影效果。

≫图 5-68　大树素材

≫图 5-69　水中倒影效果图

4. 将如图 5-70 所示图片的文字部分去掉，得到如图 5-71 所示的效果图。

≫图 5-70　原图像

≫图 5-71　效果图

5. 将如图 5-72 所示的小汽车的颜色更改成如图 5-73 所示的绿色效果。

≫图 5-72　原图像

≫图 5-73　效果图

模 块 06 图层

你知道吗

对图层进行操作可以说是 Photoshop CS6 中使用最为频繁、最重要的功能之一，通过建立图层，然后在各个图层中分别编辑图像中的各个元素，可以产生既富有层次又彼此关联的整体图像效果，所以在编辑图像的同时图层是不可或缺的。

学习目标

- 了解图层面板及图层菜单
- 能够快速创建不同类型的图层
- 能够熟练创建图层组
- 能够使用图层组管理图层
- 熟练掌握编辑图层的各项操作
- 熟悉图层的混合模式
- 能够巧妙利用图层样式制作图像特效
- 了解智能对象的相关知识

项目任务 6-1 认识图层和图层组

探索时间

图层可以说是 Photoshop 的灵魂，每一个图层都是由许多像素组成的，而图层又通过上下叠加的方式组成整个图像。它就好像一个透明的玻璃，而图层的内容就画在这些玻璃上，如果玻璃上什么都没有，就是一个完全透明的空图层，当各个玻璃上都有图像时，自上而下俯视所有图层，从而形成图像显示效果。如图 6-1 所示为图像的显示效果，图 6-2、图 6-3 分别为构成图像的两个图层（背景层与图层 1）的独立效果。

1. 图层面板介绍

启动 Photoshop CS6 时，图层面板默认是显示状态。如果开始时图层面板没有显示，可以选择窗口→图层命令，或按快捷键 F7，即可打开图层面板。选择文件→打开命令，打开 PDF 素材，其相应的图层面板状态如图 6-4 所示。

» 图 6-1　图像效果　　　» 图 6-2　背景层效果　　　» 图 6-3　图层 1 效果　　　» 图 6-4　图层面板

- 图层弹出菜单：单击按钮▤可弹出图层面板的编辑菜单，如图 6-5 所示，用于在图层中的编辑操作。
- 快速显示图层：用来对多图层文档中的特色图层进行快速显示，在下拉列表中包含类型、名称、效果、模式、属性和颜色。选择某项命令时，在后面会显示与之对应的选项。
- 开启与锁定快速选择图层：单击并拖动滑块▤到上面时激活快速选择图层功能，拖动滑块到下面时会关闭此功能。
- 混合模式：单击 正常 按钮下拉列表框就会弹出图层的混合模式下拉列表，用来设置当前图层中图像与下面图层中凸显图像的混合效果。
- 不透明度：用来设置图层的不透明度，可通过拖动滑块或直接输入数值来修改图像的不透明度。
- 锁定：包含锁定透明像素、锁定图像像素、锁定位置和锁定全部 4 个按钮，其作用分别如下。

（1）锁定透明像素：使当前图层中的透明区域不可被编辑。

（2）锁定图像像素：使当前图层中的图像不接受处理。

（3）锁定位置：锁定当前图层的位置，使当前图层不能移动。

新建图层...	Shift+Ctrl+N
复制图层(D)...	
删除图层	
删除隐藏图层	
新建组(G)...	
从图层新建组(A)...	
锁定组内的所有图层(L)...	
转换为智能对象(M)	
编辑内容	
混合选项...	
编辑调整	
创建剪贴蒙版(C)	Alt+Ctrl+G
链接图层(K)	
选择链接图层(S)	
向下合并(E)	Ctrl+E
合并可见图层(V)	Shift+Ctrl+E
拼合图像(F)	
动画选项	▶
面板选项...	
关闭	
关闭选项卡组	

» 图 6-5　图层面板下拉菜单

（4）锁定全部：锁定当前图层，使当前图层完全锁定，任何操作都无效。

- 填充：设置当前图层内容的填充不透明度，可以通过拖动滑块或直接输入数值来修改。
- ◉：用来显示或隐藏图层。当在图层左侧显示该图标时，表示当前图层处于可见状态，单击此图标，图标消失，此时图层上的内容全部处于不可见状态。
- ⬚：图层链接标志，可以将当前所选择的多个图层链接起来，当对有链接关系的图层组中某个图层进行操作时，所制作的效果会同时作用到链接的所有图层上。
- *fx.*：添加图层样式按钮，用来给当前图层添加各种特殊样式效果。单击此按钮，可弹出如图 6-6 所示的下拉菜单。

- ：添加图层蒙版按钮，单击该按钮，给当前图层快速添加具有默认信息的图层蒙版。
- ：创建新的填充或调整图层按钮，用于创建新的填充或调整图层。单击此按钮，将弹出如图 6-7 所示的图层调整与填充菜单。
- ：创建新组按钮，用来建立一个新的图层组，它可包含多个图层。
- ：创建新图层按钮，用来建立一个新的空白图层。
- ：删除图层按钮，用来删除当前图层。

2．创建图层

※ 图 6-6　图层样式下拉菜单　※ 图 6-7　图层填充或调整菜单

创建图层是图像处理中最常用的操作，在 Photoshop CS6 中，图层主要有普通图层、背景图层、调整图层、文本图层、填充图层和形状图层等几大类，运用不同的图层将产生不同的图像效果。

（1）创建普通图层。

普通图层是 Photoshop CS6 中最基本的图层类型，是指使用一般方法建立的图层，它好比透明无色的空白纸，可以在上面进行任意的绘制和修改，其最大的优点是应用范围广，几乎所有的 Photoshop 命令都可以在普通图层上使用。新建空白图层的方法有以下几种：

- 在图层面板的底部单击创建新图层按钮 ，即可在当前图层之上新建一个空白图层"图层 1"，如图 6-8 所示。
- 选择图层→新建→图层命令或按 Shift+Ctrl+N 组合键，弹出如图 6-9 所示对话框，单击确定按钮。在新建图层对话框中的"名称"文本框中输入新图层的名称；在"颜色"框中选择图层的显示颜色；在"模式"框中选择图层的混合模式；"不透明度"用于设置图层的不透明度。

※ 图 6-8　新建空白图层　　　　　　　　　※ 图 6-9　新建图层对话框

- 单击图层面板右上角的按钮 ，在弹出的菜单中选择新建图层命令。

（2）创建背景图层。

创建背景图层与创建普通图层不同的是，它是处理图像的最低层，并且无法进行变形、混

※图6-10　调整图层下拉菜单

合模式、样式等处理。如果需要编辑修改背景图层，可以先将背景图层转化为普通图层，然后再进行处理。

要把背景图层转换为普通图层，只要双击背景图层图标，打开新建图层对话框，在对话框内设置相应的参数，单击确定按钮即可。

要创建背景图层，可以选择图层→新建→背景图层命令，这时新建的图层为背景图层。

（3）创建调整图层。

调整图层是在当前层的上方新建一个层，通过蒙版来调整其下方所有图层的图像效果，包括色调、亮度和饱和度等。创建新的调整图层有两种方法：

● 选择图层→新建调整图层命令，将弹出如图6-10所示的下拉菜单。

● 单击图层面板上的创建填充或调整图层按钮，弹出如图6-11所示的菜单，可选择相应的选项。

（4）创建文本图层。

选择工具箱中的横排文字工具 **T** 在图像文件中输入文字后，系统会自动生成一个新的图层，即文本图层，如图6-12所示。在图层面板中双击T，可以将已输入的文字选中，直接修改文字的内容和属性。

大多数编辑命令不能在文本层中使用，要先将文本层转换为普通层后才能使用。要将文本层转换为普通层，可以选择图层→栅格化→图层命令，或在文字图层的名称处右击，在弹出的快捷菜单中选择栅格化图层命令。图6-13所示为将文字图层栅格化后转换成普通层以后的图层面板。

※图6-11　图层填充或调整菜单

※图6-12　输入文字生成文本图层

※图6-13　图层面板

（5）创建填充图层。

填充图层是指在当前层的上方新建一个图层，为新建的图层填充纯色、渐变色或图案，并

对"图层混和模式"和"不透明度"进行设置，使新建图层与底层图像产生特殊的混和效果。选择图层→新建填充图层→图案命令，弹出如图 6-14 所示对话框，设置"不透明度"为 50%。在图案填充对话框中选择相应的图案，如图 6-15 所示。图 6-16 和图 6-17 分别为建立填充层前、后的图像及图层面板状态。

》图 6-14　新建图层对话框

》图 6-15　图案填充对话框

》图 6-16　新建填充图层前的画面效果及图层面板状态　　》图 6-17　新建填充图层后的画面效果及图层面板状态

（6）创建形状图层。

选择工具箱中的形状工具组的工具，并在工具属性栏中选择形状图层按钮，在图像上创建图形后，图层面板上会自动建立一个新图层，这个图层就是形状图层。如图 6-18 所示是创建形状图层后的图像与图层面板状态。

》图 6-18　创建形状图层后的图像与图层面板状态

把形状图层转换为普通图层，有两种方法：选择图层→栅格化→形状命令，或在形状图层的名称处右击，在弹出的快捷菜单中选择栅格化图层命令。

3．图层组

图层组指的是若干个图层形成的一个组，在图层组中图层之间的关系更为密切，有了图层组就可以更方便地对图层进行组织和管理。

（1）创建图层组。

创建图层组有三种方法：

① 选择图层→新建→组命令。

② 单击图层面板中的创建新组按钮 ，

③ 单击图层面板中的面板菜单按钮 ，在弹出的菜单中选择新建组。

经上述任一项操作后会弹出新建组对话框，单击确定按钮，即可创建新的图层组，这时图层面板中出现类似于文件夹的图标，用鼠标可把相应的图层拖动到图层组中。

（2）图层组中图层的添加与删减。

要在图层组中添加新的图层，先在图层面板中选中图层组，再用创建图层的方法新建图层即可。

要在图层组中删除一个图层，与非图层组中的单个图层的删除操作相同。

（3）图层组的复制与删除。

要复制图层组，其方法如下：

① 选择图层→复制组命令。

② 选中要复制的组，右击，在弹出的菜单中选择复制组。

③ 在图层面板中单击面板菜单按钮 ，在弹出的菜单中选择复制组。

经上述任一项操作后会出现复制组对话框，如图6-19所示，然后单击确定按钮。

在删除图层组时，先选中要删除的组，然后：

① 选择图层→删除组命令。

② 鼠标右击，在弹出的菜单中选择删除组命令。

③ 在图层面板上单击面板菜单按钮 ，在弹出的菜单中选择删除组。

④ 单击图层面板中的删除图层按钮 。

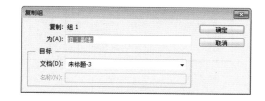

※ 图 6-19　复制组对话框

※ 图 6-20　删除组提示对话框

经上述任一项操作后会出现如图 6-20 所示的对话框，单击组和内容按钮，将会删除图层组和图层组中所有的图层，单击仅组按钮只删除图层组，并不会删除图层。

※ 动手做　制作水晶按钮

（1）选择文件→新建命令，新建一个名为"水晶按钮"的图像文件。设置宽度和高度为"250 像素×80 像素"，分辨率为"72 像素/英寸"，颜色模式为"RGB 颜色"，背景内容为白色，如图 6-21 所示，单击确定按钮。

（2）设置前景为黄色，背景色为绿色。新建图层 1，选择椭圆选框工具，按住 Shift 键在图层 1 上画出一个正圆选区，如图 6-22 所示。选择渐变工具，在属性栏中选择线性渐变，在选区内从上向下拖动鼠标填充"黄绿渐变"颜色，如图 6-23 所示。

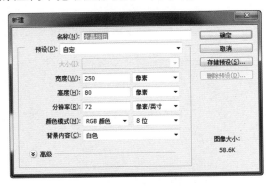

图 6-21　新建水晶按钮文件

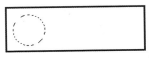

》图 6-22　画出正圆选区

》图 6-23　填充黄绿渐变

（3）选择矩形选框工具，在属性栏中选取"与选取交叉"，在图层 1 上画出一个矩形选区，如图 6-24 所示，使它与正圆的重叠部分为右半圆，从而得到右半圆选区，如图 6-25 所示。将右半圆拖动到文档的右边，如图 6-26 所示。

（4）选择矩形选框工具，以两半圆的直径为两对边画出矩形选区，如图 6-27 所示，并填充"黄绿线性渐变"，得到如图 6-28 所示的效果。

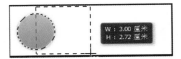

》图 6-24　画出矩形选区

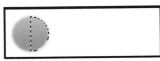

》图 6-25　获取右半圆选区

》图 6-28　填充渐变色

》图 6-26　移动右半圆

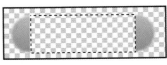

》图 6-27　画矩形选区

（5）在菜单中执行图层→图层样式→内阴影命令，如图 6-29 所示，打开内阴影对话框，具体的参数设置如图 6-30 所示。

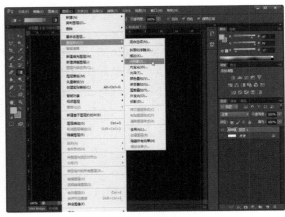

》图 6-29　选择内阴影命令

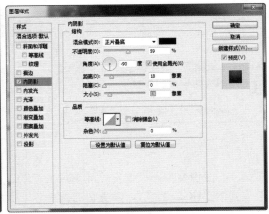

》图 6-30　参数设置

（6）在内阴影对话框中选择左边名称中的投影，打开投影对话框，参数设置如图 6-31 所示。单击确定按钮，得到如图 6-32 所示的效果。

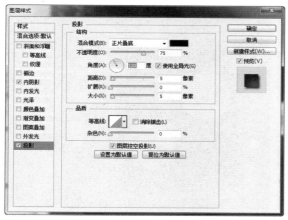

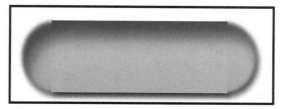

» 图 6-31　投影参数设置　　　　　　　　　　　　　　　» 图 6-32　投影效果图

项目任务 6-2　编辑图层

探索时间

在 Photoshop CS6 中编辑图像时图层是不可或缺的一项功能。这是因为一个综合性的设计往往是由多个图层组成的，只有对图层进行多次编辑修改才能达到理想的效果。本节将介绍图层的各种编辑方法。

1．移动、复制、删除、锁定图层

图层的移动、复制和删除是编辑图层过程中最常用的方法，下面分别进行讲解。

（1）图层的移动。

使用鼠标在图层面板中的图层上单击，如图 6-33 所示，即可选择该图层并将其变为当前的工作图层。在素材中单击图层面板中的"图层 1"，再使用移动工具  在文档中按住鼠标拖动即可将图层 1 中的图像进行位置的移动，图层面板及效果图如图 6-34 所示。

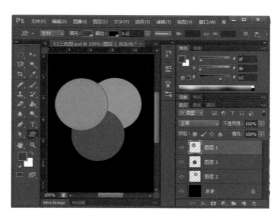

» 图 6-33　移动前的图层面板及效果图

 提示

使用移动工具在属性栏中设置自动选择功能后，在图像上单击，即可选择该图像对应的图层。

（2）图层的复制。

在图层面板中选中需要复制的图层，按住鼠标左键，拖动到图层面板的创建新图层按钮处，即可复制选中图层到原来图层的上方，如图 6-35 所示。复制的图层副本与原图层完全相同，可以使用工具箱中的移动工具，将图层副本移动到相应的位置，即可看到复制的效果。

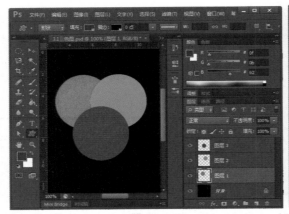

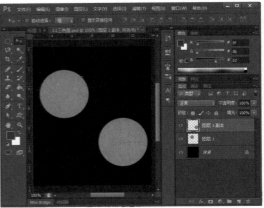

※ 图 6-34　移动后的图层面板及效果图　　　　※ 图 6-35　复制图层效果

教你一招

执行菜单中的图层→新建→通过复制的图层命令或按 Ctrl+J 快捷键，将快速复制当前图层中的图像到新图层中。

（3）图层的删除。

删除图层有如下几种方法：

① 在图层面板中，选中要删除的图层，选择图层→删除命令。

② 在图层面板中，选中要删除的图层，右击，在弹出的快捷菜单中选择删除图层命令。

③ 在图层面板中，选中要删除的图层，单击面板底部的删除图层按钮🗑。

④ 在图层面板中，将要删除的图层拖动到删除图层按钮🗑上。

（4）锁定与释放图层内容。

在 Photoshop CS6 中具有锁定图层的功能，可以用来锁定某一个图层和图层组，使它在编辑修改图像时不受影响。要释放已锁定图层的内容，只需再次单击图层面板上锁定工具栏上相应的锁定按钮即可。

2．调整图层顺序

图像中的图层是按一定的顺序叠放在一起的，所以图层的叠放顺序决定了图像的显示效果。在编辑图像时，经常需要调整图层的叠放顺序，具体的操作方法如下：

① 在图层面板中用鼠标将需要调整顺序的图层向上或向下拖动，这时图层面板会有相应的线框随鼠标一起移动，当线框调整到合适位置后，再释放鼠标即可。

置为顶层(F)	Shift+Ctrl+]
前移一层(W)	Ctrl+]
后移一层(K)	Ctrl+[
置为底层(B)	Shift+Ctrl+[
反向(R)	

② 选择图层→排列命令，弹出如图 6-36 所示的排列子菜单。其中，置为顶层命令将当前选中的图层移动到图层面板的最顶层；前移一层命令将选中的图层向前移动一层，若该图层已经处于最顶层，则无效；后移一层命令将选中的图层向后移动一层，若该图层

※ 图 6-36　排列子菜单

已处于最底层，即背景层的上一层，则无效；置为底层命令将选中的图层移动到最底层，也就是背景层的上一层。

3．图层的链接与合并

要把几个图层链接起来，应先选定要链接的图层，然后单击图层面板中的链接图层按钮 。要将链接的图层取消链接时，只需再次单击该按钮即可。对链接中的任何图层进行移动、旋转或自由变形等操作，此时这一组链接在一起的图层都会同时进行相应的变换，若这组链接图层中有一个图层被锁定，那么这一组图层也相应被锁定。

在 Photoshop CS6 中进行图层合并，可以单击图层面板上的 按钮，在弹出的菜单中有向下合并、合并可见图层和拼合图像三个合并图层的命令。也可以在图层面板中选中要合并的图层右击，在弹出的菜单中同样有这 3 个命令，如图 6-37 所示。

- 向下合并：将当前选中的图层与它的下一层图像合并。如果要合并图层的下一层是多个图层链接在一起的，那么此命令变成合并图层命令，如图 6-38 所示，将把所有选中的图层合并。
- 合并可见图层：把所有可见图层全部合并。
- 拼合图像：将图像中所有图层合并，并会弹出对话框，提示是否舍弃不可见图层。

※ 图 6-37　合并选中的图层　　　　※ 图 6-38　合并选中的链接图层

（1）链接图层的对齐。

链接在一起的几个图层可以按照一定的规则来对齐。选中链接的图层，选择图层→对齐命令，将弹出如图 6-39 所示菜单，选择相应的对齐方式，将图层中的图像对齐，而图层中的透明部分不作为对齐的对象。在使用对齐命令之前，必须先选中两个或两个以上的图层，否则此命令无效。当在图像中建立一个选区时，对齐命令将变成将图层与选区对齐，可以将选定的图层和选区对齐。

（2）图层的分布。

选择图层→分布命令，弹出如图 6-40 所示菜单，这个命令的作用是把与当前图层相链接的层按一定的规则分布在画布上的不同地方，一共有 6 种方式：顶边、垂直居中、底边、左边、水平居中和右边。分别表示将链接的图层按照顶边、竖直方向的中心线、底边、左边、水平方向的中心线和右边，在原位置附近作较小的调整，以使各个图层内容等距分布。在使用分布命令之前，必须选中三个或三个以上的图层，否则此命令无效。

※图 6-39　图层对齐菜单

※图 6-40　图层分布菜单

▓ 动手做　制作照片叠加效果

（1）打开原照片素材，如图 6-41 所示，图层面板中出现背景层，单击"背景层"并拖至新建图层按钮，即可得到背景层副本，如图 6-42 所示。

（2）选择图像→画布大小命令，打开画布大小对话框，将"宽度"和"高度"都设为 6 厘米，并选择"相对"，如图 6-43 所示。单击确定按钮，得到如图 6-44 所示的效果。

（3）单击"图层副本"，按 Ctrl+T 组合键进行自由变换，得到如图 6-45 所示效果。单击图层面板中的添加图层样式按钮，选择投影样式，如图 6-46 所示。打开投影样式对话框，参数设置如图 6-47 所示，单击确定按钮，得到带投影样式的照片，如图 6-48 所示。

※图 6-41　原图片素材　　　　※图 6-42　创建副本　　　　※图 6-43　设置画布大小

※图 6-44　添加画布效果　　　　※图 6-45　自由变换（1）　　　　※图 6-46　选择投影样式

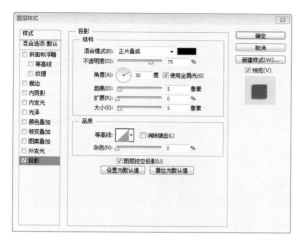

※图 6-47　投影样式对话框　　　　　　　　※图 6-48　投影样式效果图

（4）将"背景层副本"拖动至新建图层按钮，创建"背景副本 2"，按 Ctrl＋T 组合键进行自由变换，如图 6-49 所示，得到如图 6-50 所示的叠加效果图。

（5）继续复制"背景副本 2"，重复上一步操作，即可得到如图 6-51 所示的最终照片叠加效果图。

※图 6-49　自由变换（2）　　　　　※图 6-50　叠加效果图　　　　　　　※图 6-51　照片叠加效果

项目任务 6-3　图层的混合模式

探索时间

图层混合模式通过将当前图层中的像素与下面图层中的像素相混合从而产生奇幻效果，当图层面板中存在两个以上的图层时，在上面图层设置"混合模式"后，会在工作窗口中看到该模式的效果。

1. 一般图层的混合模式

在图层面板上，图层混合模式下拉列表中有 27 种混合模式，利用图层混合模式和不透明度的功能，可以完成多种图像合成效果。下面分析图层各混合模式的作用。

● "正常"：图层的标准模式，也是绘图与合成的基本模式。在此模式中，一个层上的像素遮盖了后面所有图层的像素，可以通过修改它的不透明度来调整下一个图层的显示效果。

- "溶解"：此模式下的图像以颗粒形式来分布。当图层的不透明度为100%时，可见像素呈原色效果；当不透明度低于100%时，合成效果才显示。

- "变暗"：通过此模式能够查找各个颜色通道内的颜色信息，并按照像素对比的底色和绘图的颜色，将较暗的颜色作为混合模式，从而得到最终效果。在这个模式下，比背景亮的颜色被替换，暗色则保持不变。

- "正片叠底"：此模式下，前景色与下面的图像色调结合起来，降低绘图区域的亮度，在筛选背景图像时突出色调较深的部分，减少色调较浅的部分。像素的颜色值范围在0～255之间。一般情况下，黑色的像素值为0，白色的像素值为255，将两个颜色的像素值相乘，再除以255后得到的值就是正片叠底模式下的像素值。

- "颜色加深"与"线性加深"：颜色加深模式是通过增加对比度使底色变暗的一种模式。线性加深是通过降低对比度使底色变暗的模式。这两种模式与白色混合时不会发生任何变化。

- "深色"：上方图层的颜色覆盖到下方图层的暗色调区域中去。

- "变亮"与"滤色"：变亮模式中亮颜色被保留，暗颜色被替换掉，它比滤色模式、正片叠底模式产生的效果要强烈些，它只对图像中比前景色更深的像素有作用，和变暗模式是相反的。滤色模式中，前景色与下面的图像色调相结合，来提高绘图区域的亮度，突出色调较浅的部分，减少色调较深的部分。滤色与正片叠底模式功能相反，在滤色模式下，任何颜色与白色相作用，得到的结果是白色，任何颜色与黑色相作用，原来的颜色不发生改变。

- "颜色减淡"与"线性减淡（添加）"：颜色减淡模式是通过降低对比度使颜色变亮，它与颜色加深模式相反。线性减淡模式是通过增加对比度使颜色变亮，它与线性加深模式相反。图像与黑色相混合，在这两种模式下，都不会发生变化。

- "浅色"：上方图层的颜色覆盖到下方图层的高光区域颜色中去。

- "叠加"：用来加强绘图区域和阴影区域，它通过屏幕模式和正片叠底模式来达到效果，保留了其像素和混合像素的强光、阴影等。

- "柔光"与"强光"：柔光模式的效果是根据明暗程度来确定图像是变亮还是变暗。如果图像比50%灰度要暗，则效果变暗；如果比50%灰度要亮，则变亮；如果底色是黑色或白色，则效果不变。它还能够形成光幻效果。强光模式对浅色图像的效果更亮，对暗色更暗，它可以使图像产生强烈的照射效果。

- "亮光"：若混合色比50%灰度亮，则通过降低对比度来加亮图像，反之通过提高对比度来使图像变暗。

- "线性光"：根据要作用的颜色来确定增加或降低亮度，达到加深或减淡颜色的目的。如果要作用的颜色比50%的灰度亮，则降低亮度。

- "点光"：根据要作用的颜色来决定是否替换颜色。如果要作用的颜色比50%的灰度亮，则替换，而比作用颜色亮的颜色不发生改变。这种模式常用来对图像增加特殊效果。

- "差值"与"排除"：差值模式对图像区域与前景色进行估算，使图像呈现出与每个通道计算的混合层亮度的相反值。排除模式可产生与差值模式相类似的效果，但是这种模式下生成的颜色对比度较小，比较柔和。这两种模式与黑色相作用不会发生改变，与白色相作用会出现相反的效果。

- "减去"：上方图层中亮色调内容隐藏下方图层内容。
- "划分"：上方图层中内容叠加下方图层相应颜色值，通常用于变亮处理。
- "色相"与"饱和度"：使用色相模式，用当前图层的色相值去替换下一层图像的色相值，而饱和度与亮度不变。饱和度模式是通过使用亮度、色相和饱和度来创建最终模式效果的，若饱和度为 0，则结果无变化。在前景色为淡色调的情况下，饱和度模式将增大背景像素的色彩饱和度；如果前景色是深色调，则降低饱和度。
- "颜色"与"明度"：颜色模式可以同时改变图像的色调与饱和度，但不改变背景的色调成分，通常用在微调或着色上。明度模式会增加图像的亮度，但不改变色调，它与颜色模式相反。
- "实色混合"：使两个图层叠加的效果具有很强的硬性边缘，类似色块的混合效果。

2. 高级图层的混合模式

除了使用图层的一般混合模式之外，在 Photoshop CS6 中还有一种高级图层混合方式——使用图层的混合选项来进行设置。但是这些功能只对一般的图层有效，如果要为其他类型的图层设置效果，则必须将其转化为普通图层后再使用。

在图层面板中选中要设置的混合选项图层，右击鼠标，或者单击添加图层样式按钮 **fx**，在弹出的菜单中选择混合选项命令，将打开图层样式对话框，如图 6-52 所示。在对话框左侧可以设置混合选项，右侧设置各项参数。

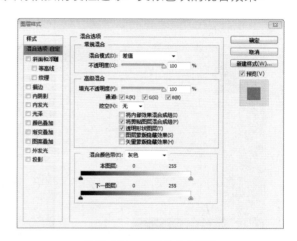

※ 图 6-52　图层样式对话框

- "常规混合"包括"混合模式"和"不透明度"，它们与图层面板中的图层混合模式和不透明度调整功能相同。
- "高级混合"中提供了各种高级混合选项。
- "填充不透明度"：用于设置不透明度，其填充的内容由通道选项中的 R、G、B 复选框来控制。若取消 G、B 复选框，那么图像中就只显示红通道中的内容，而绿、蓝通道的内容被隐藏。
- "挖空"：用来指定哪一个图层被穿透，显示出下一层的内容。如果在下拉列表框中选择"无"，则不挖空任何图层，如果选择"浅"，则挖空当前图层组最底层或剪贴图层的最底层，如果选择"深"，则挖空背景图层。
- "混合颜色带"：选择指定混合效果对哪一个通道起作用。若选择"灰色"，则作用于所有通道，若选择"红"，则作用于红通道，以此类推。下方的两根滑动条用来设置当前图层中哪一些像素与下一图层进行色彩混合。

※ 动手做　衣服贴图

（1）打开原图片素材，如图 6-53 所示，单击图层面板上的背景层，按 Ctrl+J 组合键复制图层，得到"图层 1"，单击背景层，按 Ctrl+Delete 组合键填充背景色，如图 6-54所示。

※ 图 6-53　原图片

※ 图 6-54　填充背景层

（2）用上述方法复制"图层 1"得到"图层 1 副本"，选择图像→调整→去色命令，如图 6-55 所示，将图片色彩去掉，得到如图 6-56 所示的效果。

※ 图 6-55　选择去色命令

※ 图 6-56　去色后效果

（3）再次打开"卡通画"素材，如图 6-57 所示，选择工具箱中的自定义选框工具，在属性栏中选择路径，在形状选区里选取心形，如图 6-58 所示。在卡通画照片上拖出一个心形，如图 6-59 所示，并按 Ctrl+T 组合键对心形区域的形状和大小进行变换，如图 6-60 所示，然后应用此变换。

※ 图 6-57　打开卡通素材

※ 图 6-58　选择形状工具

※ 图 6-59　拖出心形

※ 图 6-60　对心形自由变换

（4）按 Ctrl+Enter 组合键将路径转化为选区，如图 6-61 所示，单击移动选区命令，将选区拖到女孩子衣服上，如图 6-62 所示。

※图 6-61　转化选区

※图 6-62　移动选区

（5）选择滤镜→扭曲→置换命令，如图 6-63 所示，设置水平比例和垂直比例，具体参数如图 6-64 所示，单击确定按钮。

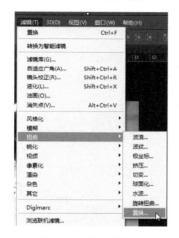

※图 6-63　选择置换命令

※图 6-64　置换对话框

（6）将"卡通画"图层的混合模式设置为正片叠加，得到效果如图 6-65 所示，并为该图层去色，得到如图 6-66 所示的效果图。

※图 6-65　设置混合模式

※图 6-66　为图层去色

（7）隐藏"图层 1 副本"即可得到如图 6-67 所示的最终效果图。

※ 图 6-67　最终效果图

项目任务 6-4　图层样式

探索时间

图层样式是指在图层中添加样式效果，从而为图层添加投影、内发光与外发光、斜面和浮雕等。

1. 投影样式

使用投影命令可以为当前图层中的图像添加阴影效果，执行菜单中的图层→图层样式→投影命令，即可打开如图 6-68 所示的投影对话框。

- 混合模式：确定图层样式与下层图层（可以包括也可以不包括现用图层）的混合方式。例如，内阴影与现用图层混合，因为此效果绘制在该图层的上部，而投影只与现用图层下的图层混合。在大多数情况下，每种效果的默认模式都会产生最佳结果。

- 颜色：指定阴影、发光或高光。可以单击颜色框并选取颜色。

- 不透明度：设置图层效果的不透明度。输入值或拖动滑块。

- 角度：确定效果应用于图层时所采用的光照角度。可以在文档窗口中拖动以调整"投影"、"内阴影"或"光泽"效果的角度。

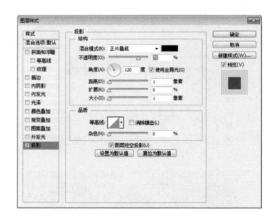

※ 图 6-68　投影对话框

- 使用全局光：使用此设置来设置一个"主"光照角度。此角度可用于使用阴影的所有图层效果："投影"、"内阴影"以及"斜面和浮雕"。在任何这些效果中，如果选中"使用全局光"并设置一个光照角度，则该角度将成为全局光源角度。选定了"使用全局光"的任何其他效果将自动继承相同的角度设置。如果取消选择"使用全局光"，则设置的光照角度将成为"局部的"并且仅应用于该效果。也可以通过选取图层样式→全局光来设置全局光源角度。

- 距离：指定阴影或光泽效果的偏移距离。可以在文档窗口中拖动以调整偏移距离。
- 扩展：用来设置阴影边缘的细节，数值越大，投影越清晰；数值越小，投影越模糊。
- 大小：指定模糊的半径和大小或阴影大小。
- 等高线：使用纯色发光时，等高线允许创建透明光环。使用渐变填充发光时，等高线允许创建渐变颜色和不透明度的重复变化。在斜面和浮雕中，可以使用"等高线"勾画在浮雕处理中被遮住的起伏、凹陷和凸起。使用阴影时，可以使用"等高线"指定渐隐。
- 消除锯齿：混合等高线或光泽等高线的边缘像素。此选项在具有复杂等高线的小阴影上最有用。
- 杂色：指定发光或阴影的不透明度中随机元素的数量。输入值或拖动滑块。

2．斜面和浮雕

使用斜面和浮雕命令可以为图层中的图像添加立体浮雕效果及图案纹理，斜面和浮雕对话框如图 6-69 所示。

- "样式"包括 5 种效果样式：内斜面、外斜面、浮雕、枕状浮雕及描边浮雕。

（1）"内斜面"是在图层内容内边缘创建的斜面。

（2）"外斜面"是在图层内容外边缘创建的斜面。

（3）"浮雕"使该图层内容相对下层图层呈现浮雕效果。

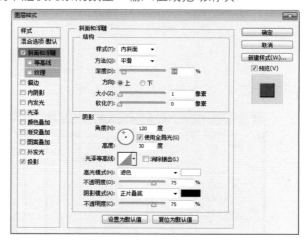

※图 6-69　斜面和浮雕对话框

（4）"枕状浮雕"创建出来的浮雕效果是将该图层内容的边缘压入到下层图层中。

（5）"描边浮雕"是将浮雕效果应用于该图层的描边效果上，如果图层没有应用描边样式则描边浮雕不可见。

- "方法"包含平滑、雕刻清晰、雕刻柔和 3 个选项，其中"平滑"是使用模糊的平滑技术，适用于所有类型的边缘；"雕刻清晰"是使用一种距离测量的技术，主要用来消除锯齿，性能比平滑要好；"雕刻柔和"介于平滑与雕刻清晰之间，对范围较大的边缘较为有效。
- "深度"是一个调节大小比例的参数，通过滑动条或直接输入数据来确定斜面的大小。
- "方向"有"上"和"下"两个参数，用来改变光和阴影的位置。
- "软化"是利用模糊来减少不需要的效果，增加真实感。
- "高光模式"用来设置高光部分的颜色、透明度和模式。
- "阴影模式"用来设置暗调部分的颜色、透明度和模式。

3．其他效果

用于各个图层的样式和使用方法及设置过程大致相同，下面简要概述其他的图层样式。

（1）描边：使用颜色、渐变或图案在当前图层上描画对象的轮廓。它对于硬边形状（如文字）特别有用。

（2）内阴影：紧靠在图层内容的边缘内添加阴影，使图层具有凹陷外观。

（3）内发光：使用内发光命令可以从图层中的图像边缘向内或从图像中心向外产生扩散发

光效果。

（4）光泽：使用光泽命令可以为图层中的图像添加光源照射的光泽效果。

（5）颜色叠加：使用颜色叠加命令可以为图层中的图像叠加一种自定义颜色。

（6）渐变叠加：使用渐变叠加命令可以为图层中的图像叠加一种自定义或预设的渐变颜色。

（7）图案叠加：使用图案叠加命令可以为图层中的图像叠加一种自定义或预设的图案。

（8）外发光：使用外发光命令可以在图层中的边缘产生向外发光的效果。

动手做　制作巧克力

制作巧克力的步骤如下。

（1）选择文件→新建命令，新建一个图像文件。设置宽度和高度为"500 像素×400 像素"，分辨率为"72 像素/英寸"，颜色模式为"RGB 颜色"，"背景内容"为"白色"，如图 6-70 所示，单击确定按钮。

（2）单击"前景色"颜色框，出现前景色对话框，设置"R"、"G"、"B"的参数分别为"151"、"97"、"73"，如图 6-71 所示，单击确定按钮即可将前景色设置为巧克力色。

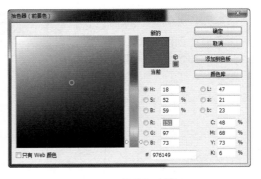

※ 图 6-70　新建图像文件　　　　　　　　　　　※ 图 6-71　前景色对话框

（3）新建图层 1，选择自定义选框工具，单击属性栏"形状"选项后面的下拉菜单，选择"全部"，即出现全部形状选项框如图 6-72 所示。选择 █，在图层 1 上绘制心形，按 Ctrl+T 组合键可以变换心形的大小和位置，得到如图 6-73 所示的效果图。

※ 图 6-72　形状选项框　　　　　　　　　　　　※ 图 6-73　心形效果

（4）为图层 1 设置图层样式，选择斜面和浮雕命令，如图 6-74 所示，出现图层样式对话框，"斜面和浮雕"的参数设置如图 6-75 所示。单击投影，出现投影对话框，参数设置如图 6-76 所示，单击确定按钮，得到如图 6-77 所示的效果。

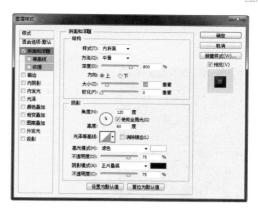

※图 6-74　选择斜面和浮雕命令　　　　　　　　　　　　※图 6-75　"斜面和浮雕"参数设置

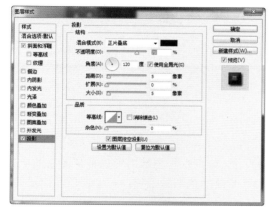

※图 6-76　"投影"参数设置　　　　　　　　　　　　※图 6-77　图层样式效果图

（5）新建图层 2，选择自定义选框工具，在属性栏的"形状"选框里选择 ♛，在图层 2 上绘制，如图 6-78 所示，图层样式的参数设置如图 6-79 所示。单击确定按钮，得到如图 6-80 所示的效果

※图 6-78　皇冠效果

※图 6-80　添加图层样式效果　　　　　　　　　　　　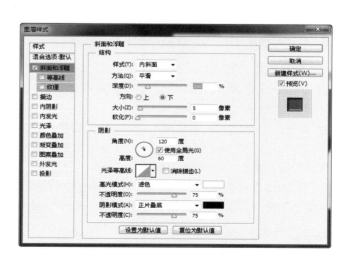

※图 6-79　图层样式参数设置

（6）将图层面板的"填充透明度"设置为"0%"，如图 6-81 所示，即可得到如图 6-82 所示的最终效果图。

≫ 图 6-81　调整填充透明度

≫ 图 6-82　"巧克力"最终效果图

项目任务 6-5　智能对象

探索时间

智能对象指的是智能对象图层，与图层组类似，区别在于图层组中的各个图层的样式调整、不透明度、应用滤镜效果等操作是独立的，而在智能对象图层组中，各个图层可以应用其他类型图层的特性。

智能对象图层组的优点在于：

（1）可以支持矢量图形的编辑，并且可以保持矢量图形的属性，便于回到矢量软件中编辑。

（2）可以利用智能滤镜，智能滤镜是指对智能对象图层应用的滤镜，并能够保留滤镜的参数，便于编辑与修改。

（3）可以记录下智能对象图层变形的参数，便于编辑。

（4）便于管理图层，降低图层的复杂程度。

1．创建智能对象

创建智能对象的方法有 3 种：

① 选择一个或多个图层，然后右击，在快捷菜单中选择转换为智能对象命令，或者选择图层→智能对象→转换为智能对象命令。

② 选择文件→打开为智能对象命令，将符合条件的文件打开。

③ 先打开一个图像，然后选择文件→置入命令，可以选择一个图像作为智能对象置入到当前文档中。

当使用以上 3 种方法打开以后，在图层面板中的智能对象图层的缩览图右下角会出现一个智能对象图标，如图 6-83 所示。

2．编辑智能对象

智能对象是由一个或多个图层组成的，在编辑与设置图层属性时和普通图层一样，如添加图层样式、修改不透明度等。

≫ 图 6-83　智能对象图层

3．导出智能对象

在图层面板中选择智能对象，然后执行图层→智能对象→导出内容命令，可以将智能对象以原始置入格式导出。如果智能对象是利用图层创建的，那么导出时应以 PSB 格式导出。

4．智能对象转换为普通图层

要将智能对象转换为普通图层，可以选择图层→智能对象→格式化命令，转换为普通图层以后，原始图层缩览图上的智能对象标志也会消失。

5．为智能对象添加智能滤镜

应用于智能对象的任何滤镜都是智能滤镜，智能滤镜属于"非破坏性滤镜"。由于智能滤镜的参数是可以调整的，因此可以调整智能滤镜的作用范围，或将其进行移除、隐藏等操作。除了液化滤镜和镜头模糊滤镜以外，其他滤镜都可以作为智能滤镜应用。

⠿ 动手做　制作钻石字效果

（1）打开 Photoshop CS6，选择文件→新建命令或按 Ctrl+N 组合键，出现新建对话框。设置"宽度"和"高度"分别为"600 像素×400 像素"，"分辨率"为"72 像素/英寸"，"颜色模式"为"RGB 颜色"，"背景内容"为"白色"，如图 6-84 所示。

（2）单击确定按钮。设置背景色为"黑色"并填充背景层，得到如图 6-85 所示的效果。

（3）选择椭圆选框工具，设置羽化值为"32"像素，拖出一个椭圆选区，按 Ctrl+T 组合键对选区的大小和位置进行自由变换，得到如图 6-86 所示的选区。新建"图层 1"，设置前景色为"白色"并填充选区，如图 6-87 所示。降低选区的不透明度，得到如图 6-88 所示的效果。按 Ctrl+D 组合键取消选区。

※ 图 6-84　新建对话框

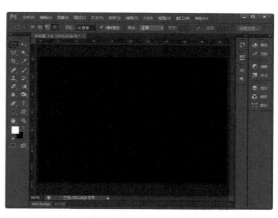

※ 图 6-85　填充背景层

※ 图 6-86　建立选区

※ 图 6-87　填充选区

※ 图 6-88　降低选区的不透明度

（4）选择自定义形状工具，打开属性栏中的形状选项框，如图 6-89 所示，选择并拖出一个星星，如图 6-90 所示。图层面板自动生成"形状 1"图层，如图 6-91 所示。选择图层→栅格化→形状命令，将形状层进行栅格化。

≫ 图 6-89　形状选项框

≫ 图 6-90　添加星星

≫ 图 6-91　图层面板

（5）选择画笔工具，在属性栏中设置画笔参数，如图 6-92 所示，并在"形状 1"上画出如图 6-93 所示的图形。

（6）调整画笔大小，选择橡皮擦工具，画出如图 6-94 所示的图形；再次调整画笔大小，分别用画笔工具和橡皮擦工具绘出如图 6-95 所示的图形。

（7）多次调整画笔大小，使用画笔工具和橡皮擦工具画出如图 6-96 所示的效果图。

（8）为该层添加图层样式，图层内部填充不透明度为 50%，添加投影，具体参数设置如图 6-97 所示，单击"确定"按钮，得到如图 6-98 所示的效果图。

≫ 图 6-92　设置画笔属性

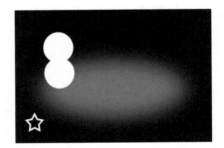

≫ 图 6-93　绘制图形

≫ 图 6-94　使用橡皮擦工具绘图

≫ 图 6-95　工具交替使用绘图

≫ 图 6-96　多次使用画笔工具
和橡皮擦工具绘图

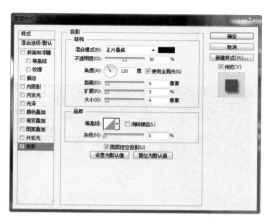

≫ 图 6-97 "投影"参数设置

≫ 图 6-98 "投影"效果图

（9）添加"内阴影"图层样式，具体参数设置如图 6-99 所示，单击确定按钮，得到如图 6-100 所示的效果图。

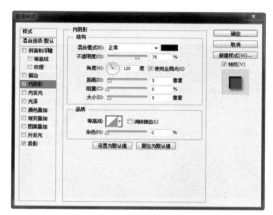

≫ 图 6-99 "内阴影"参数设置

≫ 图 6-100 "内阴影"效果图

（10）添加"内发光"图层样式，具体参数设置如图 6-101 所示，单击确定按钮，得到如图 6-102 所示的效果图。

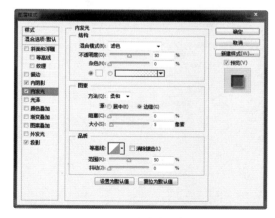

≫ 图 6-101 "内发光"参数设置

≫ 图 6-102 "内发光"效果图

（11）添加"斜面和浮雕"图层样式，具体参数设置如图 6-103 所示，单击确定按钮，得到如图 6-104 所示的效果图。

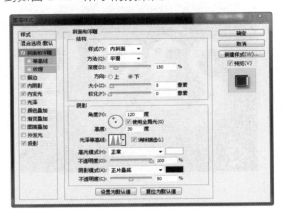

>> 图 6-103　"斜面和浮雕"参数设置　　　　　　　　　>> 图 6-104　"斜面和浮雕"效果图

（12）添加"等高线"图层样式，具体参数设置如图 6-105 所示，单击确定按钮，得到如图 6-106 所示的效果图。

>> 图 6-105　"等高线"参数设置　　　　　　　　　　　>> 图 6-106　"等高线"效果图

（13）添加"渐变叠加"图层样式，具体参数设置如图 6-107 所示，"渐变类型"参数设置如图 6-108 所示，单击确定按钮，得到如图 6-109 所示的效果图。

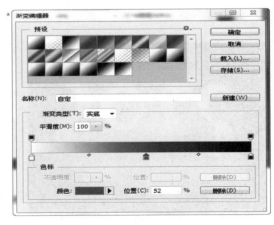

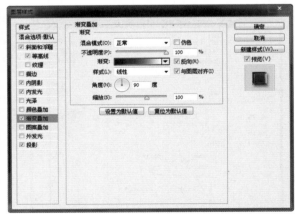

>> 图 6-107　"渐变叠加"参数设置　　　　　　　　　　>> 图 6-108　"渐变类型"参数设置

※ 图 6-109　"渐变叠加"效果图

（14）添加"描边"图层样式，具体参数设置如图 6-110 所示，单击确定按钮，得到如图 6-111 所示的效果图。

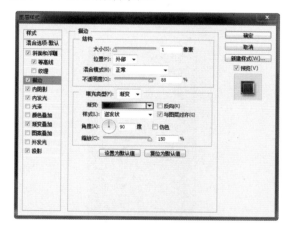

※ 图 6-110　"描边"参数设置

※ 图 6-111　"描边"效果图

（15）复制"形状 1"图层并放置在其下面，如图 6-112 所示，在"形状 1"图层上执行编辑→变换→透视命令，按 Ctrl+T 组合键自由调整其大小及位置，得到如图 6-113 所示的效果图。

※ 图 6-112　复制图层

※ 图 6-113　自由变换

（16）删除"形状 1 副本"层的图层样式，如图 6-114 所示，并填充黑色，如图 6-115 所示。执行"滤镜"→"模糊"→"高斯模糊"命令，得到如图 6-116 所示的效果图。

※ 图 6-114　删除图层样式

※ 图 6-115　填充黑色

（17）按 Ctrl+Shift+Alt+E 组合键盖印图层，"形状 1 副本"层如图 6-117 所示，执行滤镜→渲染→光照命令，参数设置如图 6-118 所示，单击确定按钮。

※ 图 6-116　添加滤镜

※ 图 6-117　盖印图层

（18）执行滤镜→渲染→镜头光晕命令，参数设置如图 6-119 所示。为了使效果更明显，可以重复三次相同的操作，最终得到如图 6-120 所示的效果图。

※ 图 6-118　光照参数设置

※ 图 6-119　"镜头光晕"参数设置

» 图 6-120　最终效果图

课后练习与指导

一、选择题

1. 文字图层中的文字信息哪些不可以进行修改和编辑？（　　）

   A. 文字颜色

   B. 文字内容，如加字或减字

   C. 文字大小

   D. 将文字图层转换为像素图层后可以改变文字的字体

2. 如何复制一个图层？（　　）

   A. 选择"编辑"→"复制"命令

   B. 选择"图像"→"复制"命令

   C. 选择"文件"→"复制图层"命令

   D. 将图层拖放到"图层"面板下方创建新图层按钮上

3. 如何改变图层的名称？（　　）

   A. 在"图层"面板上直接修改某图层的名称

   B. 在"图层"面板上，双击某图层弹出图层对话框，在对话框中修改该图层的名称

   C. 在"图层"面板上，选中图层后按 Return 键就可给这个图层重新命名

   D. 图层的名称是不能重新命名的

4. 单击"图层"面板上"眼睛"图标右侧的方框，出现一个链条的图标，表示（　　）。

   A. 该图层被锁定

   B. 该图层被隐藏

   C. 该图层与激活的图层链接，两者可以一起移动和变形

   D. 该图层不会被打印

5. 如何将背景层转变为一个普通图层？（　　）

   A. 选择"图层"→"新建"→"背景图层"命令

   B. 选择"图层"→"排列"命令

C. Alt(Win) +单击"图层"面板上的预览图

D. 单击"图层"面板上的背景层

6. 下列哪些方法不可以产生新图层？（　　　）

    A. 双击"图层"面板的空白处，在弹出的对话框中进行设定选择新图层命令

    B. 单击"图层"面板下方的创建新图层按钮

    C. 使用鼠标将图像从当前窗口中拖动到另一个图像窗口中

    D. 使用文字工具在图像中添加文字

7. 下面哪个效果不是"图层"→"效果"菜单中的命令？（　　　）

    A. 内阴影　　　　　B. 模糊　　　　　C. 内发光　　　　　D. 外发光

8. 以下关于调整图层的描述不正确的是（　　　）。

    A. 可通过创建"曲线"调整图层或通过"图像"→"调整"→"曲线"命令对图像进行色彩调整，两种方法都对图像本身没有影响，而且方便修改

    B. 可以在"图层"面板中更改透明度

    C. 可以在"图层"面板中更改图层混合模式

    D. 可以在"图层"面板中添加图层蒙版

9. "描边"命令使用的是何处的颜色？（　　　）

    A. 工具箱中的前景色　　　　　　　　B. 工具箱中的背景色

    C. 色板中随机选取颜色　　　　　　　D. 颜色面板中随机选取颜色

10. 如何旋转一个图层或选区？（　　　）

    A. "选择"→"旋转"命令　　　　　B. 单击鼠标并拖拉旋转工具

    C. "编辑"→"变换"→"旋转"命令　D. 按住 Ctrl 键并拖移动工具

二、判断题

1. 背景层始终在最底层，可以改变其"不透明度"。　　　　　　　　　　　（　　　）

2. 单击"图层"面板上图层左边的"眼睛"图标，结果是该图层被锁定。　　（　　　）

3. 在 Photoshop 中背景层与新建图层是不同的，背景层不是透明的，新建图层是透明的。

                                              （　　　）

三、实践题

1. 利用图层的相关知识，将如图 6-121 所示照片制作成如图 6-122 所示的叠加效果。

※图 6-121　原图片

※图 6-122　叠加效果

2. 利用图 6-123 和图 6-124 提供的图片素材，制作如图 6-125 所示"I love china"T 恤衫。

≫图 6-123　原 T 恤衫　　　　≫图 6-124　图片素材　　　　　≫图 6-125　最终效果图

3. 制作如图 6-126 所示的海洋水晶字效果。

提示：（1）需将字母层复制 10 次，每次向下移动一个像素；（2）对每个字母设置外发光效果，且除最后一个字母外，其他均设置为内阴影。

≫图 6-126　水晶字效果图

4. 用 Photoshop 通道混合器、曲线和图层混合模式将如图 6-127 所示的图片调出如图 6-128 所示的梦幻秋天紫色效果。

≫图 6-127　原图像　　　　　　　　　　≫图 6-128　效果图

5. 试在如图 6-129 所示的图片上制作如图 6-130 所示的水珠效果。

≫ 图 6-129　原图像

≫ 图 6-130　效果图

你知道吗

使用套索工具、魔棒工具等选取工具建立选区虽然很方便，但是要建立一些较为复杂而精确的选区就非常困难。而使用路径就可以解决这个问题，使用它可以进行精确的定位和调整，且适用于不规则的、难以使用其他工具进行选择的区域。路径是由多个矢量线条构成的图形，是定义和编辑图像区域的最佳方式之一。使用路径可以精确定义一个区域，并且可以将其保存以便重复使用。

利用文本工具，可以非常方便地输入、编辑文字，并能进行变形处理。Photoshop 的许多文字功能类似于页面排版程序，但其重要的用途是制作神奇的文字效果，而文本工具是制作文字特效的基础。

学习目标

- 认识路径面板的各项功能
- 学会路径的创建方法
- 熟练进行路径的编辑
- 灵活进行路径与选区之间的转换
- 熟练使用文本工具
- 熟练掌握文字的各种编辑与转换

项目任务 7-1 路径功能概述

探索时间

1．路径面板

所谓路径就是用一系列锚点连接起来的线段或曲线，用户不仅可以沿着这些线段或曲线进行描边或填充，而且可以将其转换为选区，适用于创建不规则的、复杂的图像区域。其中，路径的新建、保存和复制等基本操作一般都是通过路径面板来实现的，如图 7-1 所示。

单击路径面板右上角的 ，将弹出路径命令菜单，如图 7-2 所示，使用其中的命令可以对路径做各种填充、描边及选区间的转换等操作。路径面板中各选项的含义如下。

》图 7-1　路径面板

- 当前路径：面板中以蓝色条显示的路径为当前活动路径，用户所进行的操作都是针对当前路径的。
- 路径缩略图：用于显示该路径的缩略图，可以在这里查看路径的大致样式。
- 路径名称：显示该路径的名称，用户可以对其进行修改。
- 填充路径按钮◉：单击该按钮，用前景色在选择的图层上填充该路径。
- 描边路径按钮◎：单击该按钮，用前景色在选择的图层上为该路径描边。
- 将路径转换为选区按钮▦：单击该按钮，可以将当前路径转换成选区。
- 将选区转换为路径按钮◈：单击该按钮，可以将当前选区转换成路径。
- 新建路径按钮▦：单击该按钮，将建立一个新路径。
- 删除路径按钮🗑：单击该按钮，将删除当前路径。

```
存储路径...
复制路径...
删除路径

建立工作路径...

建立选区...
填充路径...
描边路径...

剪贴路径...

面板选项...

关闭
关闭选项卡组
```

≫ 图 7-2　路径命令菜单

提示

路径按结构来分，可分为 3 类：有起点和终点的称为开放式路径；没有起点和终点的称为闭合路径；多个独立路径组成的称为多条路径。

2. 路径的特点

路径是由多个节点的矢量线条（贝塞尔曲线）构成的图形。Photoshop 中的路径是不可打印的矢量形状，主要用于勾画图像区域的轮廓，用户可以对路径进行填充和描边，还可以将其转换为选区。路径的特点如下：

- 路径是矢量线条，因此缩放不会影响它的分辨率和平滑度；
- 路径和 Alpha 通道一样可以和图像文件一起保存；
- 路径工具可以绘制出复杂的线条，并可编辑和调整线条；
- 路径也可以复制和粘贴；
- 编辑完成的路径可以转换为选区，也可以直接对路径进行填充和描边。

项目任务 7-2　创建路径

探索时间

1. 使用钢笔工具创建

Photoshop 中的路径是使用钢笔工具绘制的线段和使用形状工具绘制的图形。路径既可以是闭合曲线，也可以是开放的曲线段。在工具箱中右击钢笔工具的图标，系统将会弹出隐藏工具菜单。菜单中包含 5 个工具，分别为钢笔工具、自由钢笔工具、添加锚点工具、删除锚点工具和转换点工具。其工具属性栏如图 7-3 所示。

| ✒ | 路径 ⌄ | 建立： | 选区... | 蒙版 | 形状 | ▣ | ▣ | ◈ | ⚙ | ☑ 自动添加/删除 | □ 对齐边缘 |

≫ 图 7-3　钢笔工具属性栏

使用钢笔工具绘制直线路径：首先在工具箱中选择钢笔工具 ，然后移动鼠标到图像窗口中单击创建第一个锚点，接着移动鼠标到第二个要创建的锚点位置单击，即可在第二个锚点与第一个锚点之间以直线连接。继续在其他位置单击，会发现锚点间由直线段相连，这样就创建了开放路径，如图 7-4 所示。最后将鼠标移到路径的起点处，此时光标变为 形状，单击鼠标即可创建一条封闭的路径，如图 7-5 所示。

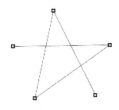

≫ 图 7-4 创建直线路径 ≫ 图 7-5 直线封闭路径

教你一招

在单击创建直线段时按住 Shift 键，当前所创建的锚点与前一点保持 45°夹角。

2. 使用自由钢笔工具创建

使用自由钢笔工具可以沿鼠标移动的轨迹自动生成路径，或沿图像的边缘自动产生路径。选择工具箱中的自由钢笔工具 ，然后在图像窗口中按住鼠标左键并自由拖动，即可沿鼠标的移动轨迹绘制一条路径，如图 7-6 所示。

选中工具属性栏中的 磁性的 复选框，然后在图像的边缘处单击鼠标，沿着图像的边缘移动鼠标，即可沿图像的边缘自动产生一条路径，如图 7-7 所示。

≫ 图 7-6 用自由钢笔工具创建路径 ≫ 图 7-7 沿图像的边缘自动产生路径

3. 用形状工具组绘制

利用形状工具可以迅速制作出某些特定造型的路径。形状工具包括矩形工具、圆角矩形工具、椭圆工具、多边形工具、定形状工具。选择一个形状工具后，在工具属性栏中单击路径按钮，然后在图像窗口中拖动鼠标即可创建一条封闭的路径。

项目任务 7-3 编辑路径

探索时间

使用 Photoshop CS6 中的各种路径工具创建路径后用户可以对其进行编辑调整，如增加和删除锚点、对路径锚点位置进行移动等，从而使路径的形状更加符合要求。

1．增加与删除锚点

选择添加锚点工具后，将光标置于要增加锚点的位置，在光标的右下角出现一个"＋"，单击鼠标，即可在此处增加一个锚点，如图 7-8 所示。选择删除锚点工具后，将光标置于要删除锚点的位置，在光标的右下角出现一个"－"，单击鼠标，即可在此处删除一个锚点，如图 7-9 所示。

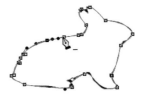

» 图 7-8　添加路径锚点　　　» 图 7-9　删除路径锚点

2．调整路径与路径变形

（1）调整路径。

使用转换点工具，可以将图像上的平滑点转换成拐点或将拐点转换为平滑点，以达到调整路径的目的。单击路径上已有的锚点，可以改变锚点的方向线，可以将曲线路径上的平滑点转换为角点，角点两边的路径由曲线变为直线；也可以将直线路径上的角点转换为平滑点，角点两边的路径由直线变为曲线段。

（2）路径变形。

路径可以通过变形来改变自身形状，路径的变形处理操作和一般图形的变形相差不大。首先用路径选择工具选中将要变形的路径，然后选择编辑→自由变换路径命令或者编辑→变换路径命令子菜单中的各种变形命令对路径进行变形处理。

提示

在进行缩放时，按住 Shift 键不放，并拖动 4 个角上的控制点可以等比例缩放路径。

3．复制与删除路径

（1）复制路径。

复制已创建的路径，可以先将路径选中，然后在路径控制面板的下拉列表中选择复制路径命令；也可以在路径面板中选中要复制的路径，并将其拖至路径面板底部的新建路径按钮上。

（2）删除路径。

删除已创建的路径，可以先将路径选中，然后在路径控制面板的下拉列表中选择删除路径命令；也可以用鼠标将路径直接拖到删除路径按钮上删除。

4．填充路径与描边路径

填充路径是指用某种颜色或图案填充路径包围的区域，路径的填充与选区的填充相似。描边路径就是使用一种图像绘制工具或修饰工具沿着路径绘制图像或修饰图像。

项目任务 7-4　路径与选区的转换

探索时间

使用路径可以绘制复杂而平滑的轮廓线，路径还有一个功能就是可以将其转换为选区范围，即路径能被转换为精确的选区边框。反之，也可以将选区边框转换为路径，再使用直接选择工

具 ![] 进行微调。

1．将选区转换为路径

在图像中建立一个选区，然后单击路径面板底部的 ![] 按钮，即可将选区边框转换为路径曲线，效果如图 7-10 和图 7-11 所示。

2．将路径转换为选区

将路径转换为选区，可以直接单击路径面板中的将路径作为选区载入按钮 ![]，如图 7-12 所示。

※图 7-10　建立选区

※图 7-11　转换为路径

※图 7-12　将路径转换为选区

✦ 动手做　制作西红柿

（1）打开 Photoshop CS6，选择文件→新建命令或按 Ctrl＋N 组合键，打开新建对话框。设置"宽度"和"高度"分别为"500 像素×400 像素"，"分辨率"为"72 像素/英寸"，"颜色模式"为"RGB 颜色"，"背景内容"为"白色"，如图 7-13 所示。

（2）在图层面板中新建"图层 1"，用椭圆工具画出一个圆形的选区，然后将选区转换为路径，适当添加锚点，用直接选择工具调整锚点，制作出西红柿的外形，如图 7-14 所示。

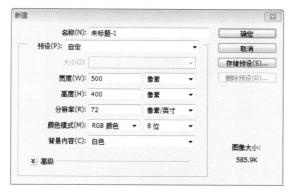

※图 7-13　新建文件

※图 7-14　制作西红柿外形

（3）将路径转换为选区，填充红色，深浅不同可以制作出不同的效果，如图 7-15 所示。

（4）选择椭圆选区工具，将羽化值设为 20 像素，在填充好的图形的上部画一个小的椭圆选区，然后选择选择→变换选区命令调整好选区，如图 7-16 所示；再选择图像→调整→亮度/对比度命令，将亮度调整为 60，对比度调整为 65，单击确定按钮，得到如图 7-17 所示效果。

（5）取消选区，将羽化值设为 20 像素，重新画一个较大的椭圆选区，如图 7-18 所示；将选区反选，选择图像→调整→亮度/对比度命令，将亮度调整为 45，如图 7-19 所示。

（6）取消选择，用加深和减淡工具处理周边，上边和两边减淡，底部加深，如图 7-20 所示。

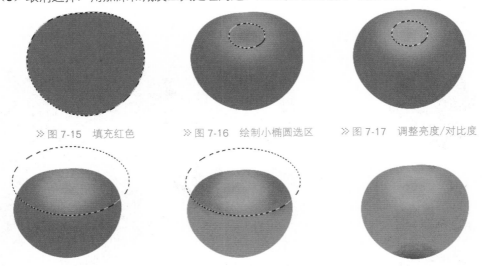

※ 图 7-15　填充红色　　　　　※ 图 7-16　绘制小椭圆选区　　　　※ 图 7-17　调整亮度/对比度

※ 图 7-18　绘制大椭圆选区　　　※ 图 7-19　调整亮度/对比度　　　※ 图 7-20　用色条工具处理西红柿的边缘

（7）为便于制作出西红柿的瓣纹，先用加深工具确定果蒂的位置并画出大概的形状，如图 7-21 所示。

（8）在西红柿上制作几条瓣纹。选中椭圆选区工具，将羽化值设为 2 像素，画出一个椭圆选区，如图 7-22 所示。选择选择→变换选区命令将椭圆选区旋转并移动到合适的位置，如图 7-23 所示。然后在要画出瓣纹的位置沿着选区的边缘用减淡工具擦除。为了更好地把握画出瓣纹的大小，要在选区外面进行擦除。

 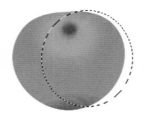 

※ 图 7-21　确定果蒂的位置和形状　　※ 图 7-22　画出椭圆选区　　　※ 图 7-23　变换选区

（9）用同样的方法画出余下的瓣纹。观察整体，再对局部做一些加深以增强立体感，如图 7-24 所示。

（10）将这一图层重命名为"西红柿"，并新建一图层，在果蒂位置画出椭圆选区，如图 7-25 所示。羽化值设为 3 像素，以灰白线性渐变填充，将图层模式设为"颜色加深"，以作为果蒂部位下陷的暗调，并向下合并到"西红柿"图层，如图 7-26 所示。

（11）新建一个图层，命名为"蒂瓣"，用钢笔仔细勾出蒂瓣的形状，将路径转换为选区，以深绿色填充，如图 7-27 所示。

（12）用加深和减淡工具画出果蒂部位的完整开放形状，如图 7-28 所示。处理完果蒂部位后，给整个西红柿加上 3% 的杂色，如图 7-29 所示。

≫ 图 7-24　加深立体感　　≫ 图 7-25　画椭圆选区　　≫ 图 7-26　制作果蒂部位

≫ 图 7-27　制作蒂瓣　　≫ 图 7-28　制作完整开放形状　　≫ 图 7-29　添加杂色

（13）为果蒂加阴影。先在"蒂瓣"下面新建一个图层，命名为"蒂影"，设置前景色为暗红色，再复制"蒂瓣"图层，得到"蒂瓣"图层副本，通过自由变换的位置调整好位置，载入"蒂瓣"图层副本选区，以前景色填充，最后降低"蒂瓣"图层副本的不透明度，得到果蒂阴影，如图 7-30 所示。

（14）打开大理石桌面背景图案并将其移动到场景中，调至背景层之上、其他图层下面，即可为西红柿添加桌面效果，如图 7-31 所示。

（15）画出"西红柿"的阴影。先载入"西红柿"的选区，再选择选择→变换选区命令，将选区垂直翻转调整好位置，如图 7-32 所示。

≫ 图 7-30　添加蒂瓣阴影　　≫ 图 7-31　添加桌面效果　　≫ 图 7-32　变换选区

（16）在"西红柿"图层下面新建一图层，重命名为"西红柿阴影"，以黑白渐变进行填充，如图 7-33 所示。然后用渐变工具制作出阴影较深的部分，最后降低"西红柿阴影"图层的不透明度，得到如图 7-34 所示的最终效果。

≫ 图 7-33　填充渐变色　　　　　　≫ 图 7-34　最终效果

项目任务 7-5 文本工具应用

探索时间

利用文本工具可以非常方便地输入、编辑文字，并能进行变形处理。Photoshop 的许多文字功能类似于页面排版程序，但其重要的用途是制作神奇的文字效果，而文本工具是制作文字特效的基础。本节主要讲述文字的基本功能和文字的各种处理方法。

1. 文本工具组

Photoshop 提供了 4 种文本工具，如图 7-35 所示。选择一种文字工具后，将出现如图 7-36 所示的文本工具属性栏。

》图 7-35 文本工具组   》图 7-36 文本工具属性栏

- 横排文字工具：使用该工具可以在图像中添加横向字符文字或段落文字，即根据不同的使用方法，可以创建点文本和段落文本。对于输入单个字符或一行字符，点文本较适用；而对于输入一个或多个段落，并且要进行一定的格式设置，则采用段落文本。
- 直排文字工具：直排文字工具的使用方法和功能与横排文字工具相似，选择该工具后，可以在图像中输入垂直方向的点文本或段落文本。
- 横排文字蒙版工具和直排文字蒙版工具：具体工具可以在图像中创建文字形状的选区，并且不会有文本图层产生。其使用方法和属性栏设置均与文本工具相同。

2. 设置文字格式

文字输入完毕后，可以对其进行编辑，包括字符格式、段落格式的设置和变形处理等。在编辑之前，首先要选中相应的文字，方法是：选择工具箱中的横排文字工具，在所选文字的开始位置单击鼠标并拖动，拖到结束位置释放鼠标，即可选中开始位置到结束位置之间的文字。

（1）设置字符格式。

选中需要编辑的文字后，单击工具属性栏中的█按钮，再单击字符标签，也可以选择窗口→字符命令，打开字符面板，便可设置字符格式，如图 7-37 所示。

（2）设置段落格式。

单击█按钮后，再单击段落标签，或者选择窗口→段落命令，可以打开段落面板，对输入文字的段落进行管理，包括对齐方式、缩进方式等，如图 7-38 所示。

（3）设置文字的变形效果。

文字输入后，可以使用文字变形工具制作出各种形状。单击工具属性栏中的█按钮可以打开变形文字对话框，如图 7-39 所示。在"样式"中可以设置 15 种变形样式，可以对水平方向和垂直方向进行不同程度的弯曲，也可以使弯曲在某个方向上再扭曲变形。

※图 7-37 字符面板　　　　※图 7-38 段落面板　　　　※图 7-39 变形文字对话框

⁘动手做　制作环保海报

（1）新建一个宽、高分别为"500 像素"和"650 像素"的空白文档，"名称"为"环保海报"，"背景内容"为"白色，""分辨率"为"72 像素/英寸"，"颜色模式"为"RGB 颜色"，如图 7-40 所示。

（2）打开如图 7-41 所示的地球图片，选择椭圆选框工具，建立一个圆形选区，将地球的图像抠出，如图 7-42 所示。

※图 7-40 新建文件　　　　※图 7-41 地球图片　　　　※图 7-42 抠出地球图像

（3）打开大自然的图片，如图 7-43 所示，分别全选图 7-43 和图 7-42 所示的图片，选择编辑→拷贝和编辑→粘贴命令，将两个图片粘贴到"环保海报"文档中，得到如图 7-44 所示效果。将这两个图层分别命名为"山水域"图层和"地球"图层，将"地球"图层的不透明度设为"56%"，如图 7-45 所示。按 Ctrl+T 组合键自由调整两个图层的相应位置，得到如图 7-46 所示的效果。

※图 7-43 大自然图片　　　　※图 7-44 效果图（1）

（4）新建一个空白文档，命名为"抽线效果"，高、宽均设为"6 像素"，"分辨率"为"72 像素/英寸"，"颜色模式"为"RGB 颜色"，"背景内容"为"透明"，如图 7-47 所示。单击工具箱中的缩放工具，将图像放大，如图 7-48 所示。

（5）单击工具箱中的矩形选框工具，对其对应的属性栏参数进行设置，"样式"为"固定大小"，"宽度"为"6 像素"，"高度"为"3 像素"，如图7-49所示。设置前景色为"#cefbfa"，单击"抽线效果"文档中的区域建立一个选区，然后使用油漆桶工具填充选区，如图7-50 所示。

※图 7-45　更改透明度

※图 7-46　自由变换

※图 7-47　新建文件

※图 7-48　放大图像

※图 7-49　属性参数设置

※图 7-50　填充选区

（6）按 Ctrl+D 组合键，取消选区，选择编辑→定义图案命令，打开图案名称对话框，设置图案"名称"为"抽线效果"，如图 7-51 所示，单击确定按钮。

（7）选中"环保海报"图像文件，新建一个图层，命名为"抽线效果"，将它放在最上层。选择矩形选框工具，将属性栏中的样式改为"正常"，利用矩形选框工具建立一个选区，如图 7-52 所示。选择编辑→填充命令，打开如图 7-53 所示对话框，在自定图案中选择刚才定义的"抽线效果"图案，然后单击确定按钮，得到如图 7-54 所示效果图。

※图 7-51　设置图案名称

※图 7-52　建立选区

（8）在图层面板中选中"抽线效果"图层，设置其不透明度为"56%"，如图 7-55 所示。选择横排文字工具，在文档的右上角输入文字"爱护环境"，设置字体为"华文行楷"，字体大小为"36"，颜色为"#f80729"，如图 7-56 所示；在右下角输入文字"保护地球"，设置字体为"华文彩云"，字体大小为"36"，颜色为"#f80729"，如图 7-57 所示。得到如图 7-58 所示的效果图。

≫ 图 7-53　填充对话框

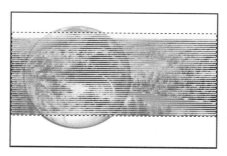

≫ 图 7-54　效果图（2）

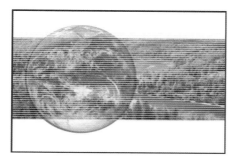

≫ 图 7-55　更改不透明度

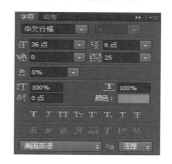

≫ 图 7-56　参数设置（1）

≫ 图 7-57　参数设置（2）

≫ 图 7-58　效果图（3）

（9）设置前景色为"#f80729"，选择工具箱中的自定形状工具，设置其属性为"填充像素"，在"形状"下拉列表中选择"边框 7"，如图 7-59 所示，拖拉建立图像并移动到适当位置。最后合并所有图层，得到最终环保公益海报的效果如图 7-60 所示。

≫ 图 7-59　形状选框

≫ 图 7-60　最终效果图

项目任务 7-6 ▶ 编辑文字

探索时间

在图像中输入文字时，会自动生成文字图层，对文字可以进行各种编辑和设置。但在文字图层中，有些图像处理的工具及命令是不可用的，如滤镜、渐变填充等。需要将文字图层转换为普通图层，才能进行各种位图编辑，创作出与图像融为一体的特殊效果。也可将文字转换为路径、形状等，然后进行相应的处理，制作各种效果。

1. 将文本转换为普通图层

选择图层→栅格化→文字命令，即可将文字图层转换为普通图层。

提示

文字栅格化后，不可再进行文字方面的编辑处理，如更改字体等。

2. 将文本转换为路径

也可以将文字转换为工作路径，然后对其进行路径的各种操作。转换后的工作路径不会影响原来的文字图层。选择菜单栏文字→创建工作路径命令，即可创建工作路径，其图层面板、路径面板和效果如图 7-61 所示。

3. 将文本转换为形状

选择菜单栏文字→转换为形状命令，即可将文字转换为形状，进行相关的操作处理。转换为形状后的各面板变化如图 7-62 所示。转换为形状后，不可再进行文字编辑。

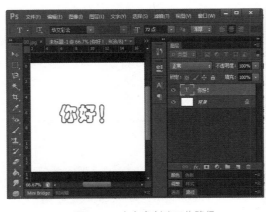

※ 图 7-61　由文字创建工作路径　　　　　　　　　※ 图 7-62　文字转换为形状

动手做　制作倒影文字

（1）打开带有水面的背景图片，如图 7-63 所示，选择工具箱中的横排文字工具，在图片上输入一行文字"水中倒影"，如图 7-64 所示。图 7-65 所示为其所对应的图层面板，共有两个图层，其中一个是文字图层"水中倒影"。

» 图 7-63　原图片文件

» 图 7-64　输入文字

» 图 7-65　图层面板

（2）在图层面板中选中"水中倒影"图层并右击鼠标，在弹出的对话框中选择复制图层命令，将生成图层"水中倒影副本"。再选中"水中倒影副本"图层，选择编辑→变换→垂直翻转命令，如图 7-66 所示，将该图层中的文字垂直翻转，如图 7-67 所示。

（3）选择工具箱中的移动工具，将"水中倒影副本"中的文字移动到合适的位置，如图 7-68 所示。

» 图 7-66　选择垂直翻转命令

» 图 7-67　垂直翻转效果

» 图 7-68　建立倒影文字

（4）选中"水中倒影副本"图层，右击鼠标，在弹出的菜单中选择栅格化文字命令，再单击编辑→变换→扭曲命令，如图 7-69 所示，对倒影进行变形处理。达到满意效果后，按 Enter 键或双击控制框，效果如图 7-70 所示。

» 图 7-69　选择扭曲命令

» 图 7-70　扭曲效果

（5）按住 Ctrl 键，单击"水中倒影副本"图层，选中倒影文字，如图 7-71 所示，再按 Del 键，删除文字原来的颜色，只留下字体选区，如图 7-72 所示。

（6）将前景色设成与文字相同的颜色，再选择渐变工具中的线性变换工具，单击工具属性栏上"点按可编辑渐变"框边的倒三角形，在弹出的对话框中单击右上部的小三角形，在弹出的对话框中选择"前景色到透明渐变"，如图 7-73 所示。然后在倒影文字框中从上到下拉一条直线，使文字的渐变颜色由前景色渐变为透明，看起来像逐渐被淹没的感觉。选中"水中倒影副本"图层，按 Ctrl+D 组合键，取消选区，如图 7-74 所示。

≫ 图 7-71　选中倒影文字

≫ 图 7-72　删除文字颜色

≫ 图 7-73　选择渐变方式

≫ 图 7-74　效果图

（7）选择滤镜→扭曲→波纹命令，如图 7-75 所示，在弹出的波纹对话框中，设置"数量"为"85%"，"大小"为"中"，如图 7-76 所示，单击确定按钮，得到的最终效果图如图 7-77 所示。

≫ 图 7-75　选择波纹命令

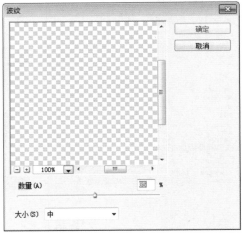

≫ 图 7-76　波纹参数设置

» 图 7-77　最终效果图

课后练习与指导

一、选择题

1. 下面工具中的（　　）工具不能创建路径。

　　A．矩形　　　　　　B．钢笔　　　　　　C．自定形状　　　　D．铅笔

2. 要在曲线锚点和直线锚点之间进行转换，可以使用（　　）工具。

　　A．添加锚点　　　　B．删除锚点　　　　C．转换点　　　　　D．自由钢笔

3. 在移动路径的操作中，只要同时按（　　）键就可以在水平、垂直或者 45°方向上移动。

　　A．Ctrl　　　　　　B．Shift　　　　　　C．Alt　　　　　　D．Ctrl+H

4. 将存储的路径转换为剪贴路径时，其中有一项"展平度"的设定，它的用途是（　　）。

　　A．定义曲线路径由多少个端点组成

　　B．定义曲线边缘由多少个像素组成

　　C．定义曲线路径由多少个直线片段组成

　　D．定义曲线路径由多少个锚点组成

5. 将选区转换为路径时，所创建的路径的状态是（　　）。

　　A．工作路径　　　　B．开放的子路径　　C．剪贴路径　　　　D．填充的子路径

6. 固定路径的点通常被称为（　　）。

　　A．端点　　　　　　B．锚点　　　　　　C．拐点　　　　　　D．角点

7. 文字可以通过下面哪个命令转换为段落文字？（　　）

　　A．选择"图层"→"文字"命令转换为段落文字

　　B．选择"图层"→"文字"命令转换为形状

　　C．选择"图层"→"图层样式"命令

　　D．选择"图层"→"图层属性"命令

8. "直线"工具可以画出带有箭头的直线，在"箭头形状"对话框中"凹度"的数值范围是（　　）。

　　A．0～100　　　　　B．−50～50　　　　C．0～10　　　　　D．−100～100

9. 下列（　　）可绘制精确的路径。

A. "铅笔"工具　　B. "笔刷"工具　　C. "钢笔"工具　　D. "光滑"工具

10. 下面（　　）内容在执行填充路径时不能使用。

A. 图案　　　　　　B. 快照　　　　　　C. 黑色　　　　　　D. 白色

二、判断题

1. 选择区域是无法转换成路径的。　　　　　　　　　　　　　　　　　　（　　）
2. 路径必须在一般图层中，如果在形状图层中，则不能进行路径填充。　　（　　）
3. 若路径是隐藏的，则不能进行填充和描边操作。　　　　　　　　　　　（　　）

三、实践题

1. 试用路径工具绘制如图 7-78 所示的愤怒的小鸟图案。

※ 图 7-78　愤怒的小鸟效果图

2. 制作如图 7-79 所示的彩色立体字效果。

提示：按要求新建文件，然后用红与白的渐变色填充背景；在新图层中用"竖排蒙版文字工具"植入两字"跨越"，黑体，140 像素，并用系统自带的"铬黄"渐变填充，取消选择；按住 Alt 键，分别按"向左"、"向上"光标键 10 次，将除最上层外的下面文字图层合并为一层，对这一文字图层调低其亮度，然后与上一文字图层合并；复制文字图层，将中间的文字图层进行变形，然后调整其不透明度即可。

※ 图 7-79　彩色立体字效果图

3. 试使用路径工具为如图 7-80 所示的图片着色，得到如图 7-81 所示的效果。

» 图 7-80　原图像

» 图 7-81　效果图

4. 试将如图 7-82 所示素材做成如图 7-83 所示的效果图。

» 图 7-82　原图像

» 图 7-83　效果图

5. 试用路径工具绘制如图 7-84 所示的海星图案。

» 图 7-84　效果图

通道和蒙版与图层一样，在 Photoshop 中起着非常重要的作用。通道主要用于保存颜色数据，在通道上同样可以进行一些绘图、编辑和滤镜处理。蒙版是 Photoshop 中的一个重要概念，只有借助蒙版，才能使 Photoshop 的各项调整功能全面发挥出来。在平面设计过程中，将通道和蒙版结合起来使用，可以制作出许多奇特的效果。

学 习 目 标

- 了解通道的基本概念
- 学会创建、复制、删除通道
- 学会分离和合并通道
- 学会使用快速蒙版
- 学会使用图层蒙版

项目任务 8-1　通道的基本概念

探索时间

通道是基于色彩模式而衍生出的简单化操作工具。一幅 RGB 三原色图有 3 个默认通道：Red（红）、Green（绿）、Blue（蓝），以及一个用于编辑图像的复合通道，如图 8-1 所示。如果是一幅 CMYK 图像，就有了 4 个默认通道：Cyan（青）、Magenta（洋红）、Yellow（黄）、Black（黑），以及一个用于编辑图像的复合通道，如图 8-2 所示。由此可以看出，每一个通道其实就是一幅图像中某一种基本颜色的单独通道。

当图像的色彩模式不同时，通道的数量和模式也会不同，在 Photoshop 中，通道主要分为 3 类，如图 8-3 所示。

≫ 图 8-1　RGB 模式通道面板

≫ 图 8-2　CMYK 模式通道面板

≫ 图 8-3　通道面板

- 颜色通道：可以分为复合通道和单色通道。复合通道不包含任何信息，它只是同时预览并编辑所有颜色通道的一个快捷方式；单色通道，就是一些普通的灰度图像，它通过 0～255 级亮度的灰色来表示颜色。在 Photoshop 中编辑图像，实际上就是在编辑颜色通道。图像的色彩模式决定了颜色通道的数量。

- Alpha 通道：用于保存蒙版，存储选区信息，让被屏蔽的区域不受任何编辑操作的影响，从而增强图像的可编辑性。

- 专色通道：在进行颜色较多的特殊印刷时，除了默认的颜色通道外，还可以在图像中创建专色通道。例如，印刷中常见的烫金、烫银或企业专有色等都需要在图像处理时进行通道专有色的设定。在图像中添加专色通道后，必须将图像转换为多通道模式才能进行印刷输出。

∴ 动手做 　砖墙写字

（1）打开图片素材如图 8-4 所示，单击通道面板，由于图片的颜色模式为"RGB"，因此将出现如图 8-5 所示的 4 个通道。

※ 图 8-4　墙壁素材　　　　　　　　　　　　　　　　　　　※ 图 8-5　通道面板

（2）依次单击"红"、"绿"、"蓝"三个通道，选出砖线和砖色彩对比最鲜明的通道，此图为蓝色通道，如图 8-6 所示。单击"蓝色通道"，按住鼠标左键不放拖至通道面板右下角的创建新通道按钮上，得到"蓝色通道副本"，如图 8-7 所示。

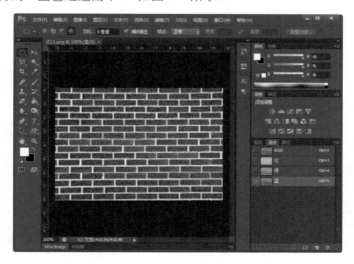

※ 图 8-6　选择通道

※ 图 8-7　复制通道

※ 图 8-8　选择阈值命令

（3）在菜单栏中选择图像→调整→阈值命令，如图 8-8 所示，打开阈值对话框。阈值的作用是直接将图像变成黑白色，调整滑块，使得黑白色比较分明，如图 8-9 所示，得到如图 8-10所示的效果。

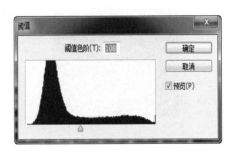

※ 图 8-9　调整参数

※ 图 8-10　效果图

（4）选择图层面板，设置前景色为"蓝色"，单击横排文字工具，输入"中国梦"三个字，如图 8-11 所示。选中文字，单击属性栏中的切换字符和段落面板按钮，出现字符对话框，具体参数设置如图 8-12 所示，单击确定按钮，得到如图 8-13 所示的效果。选中文字层，在菜单栏中选择图层→栅格化→文字命令，如图 8-14 所示，将文字层变为像素层。

※ 图 8-11　输入文字

※ 图 8-12　参数设置

※ 图 8-13　效果图

（5）返回通道面板，选择"蓝色副本通道"，单击下方的将通道作为选区载入按钮，如图 8-15 所示，白色砖线部分即可转化为选区，如图 8-16 所示。

※ 图 8-14　栅格文字层

※ 图 8-15　创建选区

※ 图 8-16　选区效果图

（6）返回图层面板，单击文字层，按 Delete 键删除，按 Ctrl+D 组合键取消选区，即可得到如图 8-17 所示的效果

※ 图 8-17　最终效果图

项目任务 8-2　通道的基本操作

探索时间

1.　创建、复制、删除通道

单击通道面板底部的新建通道按钮，可以快
速新建一个 Alpha 通道。另外，也可以单击右上
角的 ≣，在弹出的快捷菜单中选择新建通道命
令，将打开如图 8-18 所示的新建通道对话框。
在"名称"文本框中输入新通道的名称，在"色
彩指示"栏中设置色彩的显示方式，单击"颜色"
栏下的颜色方框可以设定填充的颜色，在"不透

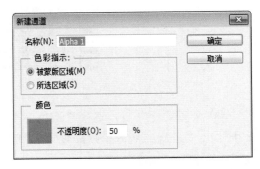

※ 图 8-18　新建通道对话框

明度"文本框中可以设定不透明度的百分比。设置完成后单击确定按钮，即可新建一个 Alpha
通道。

如果要直接对通道进行编辑，最好先将该通道复制后再进行编辑，以免编辑后不能还原。
在需要复制的通道上单击鼠标右键，在弹出的快捷菜单中选择复制通道命令，即可打开复制
通道对话框，在文本框中输入复制通道名称，单击确定按钮，即复制出一个通道。

在完成图片编辑后，由于包含 Alpha 通道的图像会占用更多的磁盘空间，所以存储图像前
应删除不需要的 Alpha 通道。在要删除的通道上单击鼠标右键，在弹出的快捷菜单中选择删除
通道命令即可。

2.　分离和合并通道

在 Photoshop 中可以将一幅图像文件的各个通道分离成单个文件分别存储，也可以将多个
灰度文件合并成一个多通道的彩色图像，这就需要使用通道的分离和合并进行操作。

（1）分离通道

打开图像文件，单击通道面板右上角的 ≣按钮，在弹出的快捷菜单中选择分离通道命令，
即可分离通道。分离生成的文件数与图像的通道数有关。

（2）合并通道

使用合并通道可以将多个灰度文件合并成一个多通道的彩色图像。单击通道面板右上角的
≣按钮，在弹出的快捷菜单中选择合并通道命令，按照操作提示选择需要合并通道的图像对象，
即可将灰度图像合并成一幅多通道彩色图像。

❋❋ 动手做　制作灯光黄金字

（1）选择文件→新建命令，新建一个图像文件。设置"宽度"和"高度"为"800 像素×
600 像素"，"分辨率"为"72 像素/英寸"，"颜色模式"为"RGB 颜色"，"背景内容"为"白
色"，如图 8-19 所示，单击确定按钮。将前景色设置为"黑色"并填充背景层，如图 8-20 所示。

（2）选择工具箱上的文字工具，并在工具上右击选择"横排文字蒙版工具"，如图 8-21 所
示。当前图层处于锁定状态，单击小锁头进行解锁，如图 8-22 所示。然后输入文字并把字体移

动到合适位置，如图 8-23 所示。

（3）单击通道窗口将选区转换为通道，在通道窗口下有 4 个小图标，单击第二个图标两次，就建立了 Alpha 1 和 Alpha 2 两个通道，如图 8-24 所示。

| ※ 图 8-19　新建文件 | ※ 图 8-20　用前景色填充 | ※ 图 8-21　选择文字工具 |

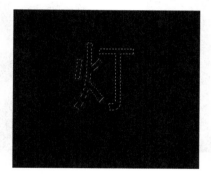

| ※ 图 8-22　解锁 | ※ 图 8-23　输入文字 | ※ 图 8-24　建立新通道 |

（4）单击"Alpha 1"，选择滤镜→模糊→高斯模糊命令，如图 8-25 所示，将"半径"设置为"10"，如图 8-26 所示，单击确定按钮，得到如图 8-27 所示的效果。再依次设定半径的参数为"5"、"3"、"1"，分别得到如图 8-28、图 8-29 和图 8-30 所示的效果。

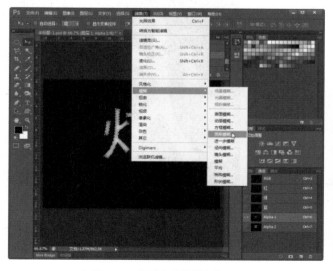

| ※ 图 8-25　选择高斯模糊命令 | ※ 图 8-26　设置半径参数 |

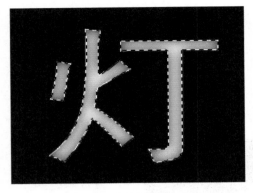

※图 8-27　半径为"10"效果

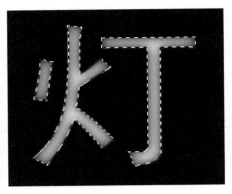

※图 28　半径为"5"效果

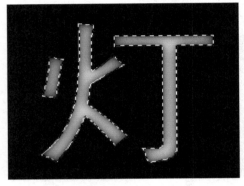

※图 8-29　半径为"3"效果

※图 8-30　半径为"1"效果

（5）返回"图层"窗口建立新图层，打开前景色拾色器窗口，设置 R、G、B 数值分别为"250"、"200"、"0"，如图 8-31 所示，即可得到黄色，并填充文字选区，得到如图 8-32 所示的效果。

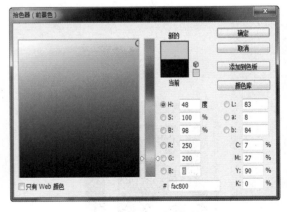

※图 8-31　前景色对话框

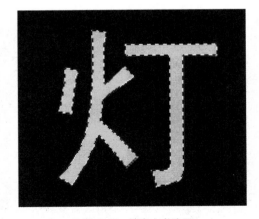

※图 8-32　填充文字选区

（6）选择滤镜→渲染→光照效果命令，如图 8-33 所示，打开光照效果对话框，参数设置如图 8-34 所示。得到最终的图像效果，如图 8-35 所示。

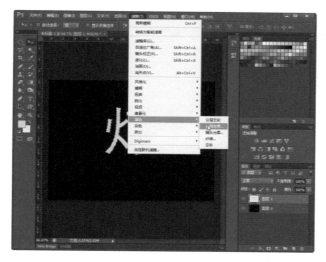

※ 图 8-33 选择光照效果命令

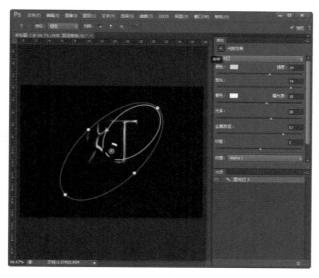

※ 图 8-34 设置光照效果参数

※ 图 8-35 最终效果图

项目任务 8-3 蒙版

探索时间

图像的裁切和选取是图像处理最基本的操作，但有时直接删除的方法会导致没有了修改的可能。在 Photoshop 中，常常使用蒙版来解决这个问题，既可以局部隐藏图像，又不会对图像造成伤害，也方便再次修改。

在 Photoshop 中蒙版的应用非常广泛，产生蒙版的方法也很多，通常有以下几种方法：

- 使用通道面板上的将选区存储为通道按钮，可以将选区范围保存为蒙版，也可以使用选择→存储选区命令。
- 利用通道面板的功能先建立一个 Alpha 通道，然后使用绘图工具或其他编辑工具在该通道上编辑，也可以产生一个蒙版。
- 使用图层蒙版功能，也可以在通道面板中产生一个蒙版。
- 单击工具箱中的以快速蒙版模式编辑按钮，也能产生一个快速蒙版。

1. 使用快速蒙版

快速蒙版功能可以快速地将一个选取范围变成一个蒙版，然后对这个快速蒙版进行编辑，以完成精确的选取范围，此后再转换为选取范围使用。工具箱的 按钮状态，表示未进入快速蒙版状态，当按钮显示为 状态时，表示图像进入快速蒙版状态。双击这两个按钮，可以打开如图 8-36 所示的快速蒙版选项对话框。

当图像进入快速蒙版编辑状态后，即可使用各种绘图工具在图像窗口进行绘制，被绘制的地方将会以蒙版颜色进行覆盖。

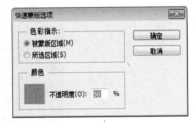

※ 图 8-36 快速蒙版选项对话框

2. 使用图层蒙版

使用图层蒙版可以控制图层中不同区域的透明度，通过编辑图层蒙版，可以为图层添加很多特殊效果，而且不会影响图层本身的任何内容。

图层蒙版的原理其实很简单，其本身就是一幅灰度图像，黑色隐藏图像，白色显示图像，灰色则根据其灰度值为图像调整相应的不透明度。

※※ 动手做 更换照片背景并附加相框

（1）打开图片素材，如图 8-37 所示，单击通道面板，如图 8-38 所示。选择颜色层次对比比较分明的通道，此图为"绿色通道"，按住鼠标左键不放拖至通道面板右下角的创建新通道按钮上，得到"绿色通道副本"。

※ 图 8-37 图片素材

※ 图 8-38 通道面板

（2）在菜单栏中选择图像→调整→色阶命令，如图 8-39 所示，打开色阶对话框，调整滑块使白色部分更白、黑色部分更黑，得到更加分明的黑白效果，如图 8-40 所示，单击确定按钮。

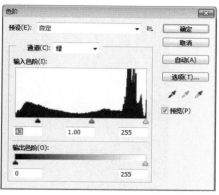

※ 图 8-39　选择色阶命令

※ 图 8-40　调整参数

（3）选择多变形套索工具，将人物没有变黑色的区域套索出来，如图 8-41 所示，填充成黑色，单击确定按钮，得到如图 8-42 所示的效果。

※ 图 8-41　套索选取

※ 图 8-42　填充黑色

（4）在菜单栏中选择图像→调整→反相命令，如图 8-43 所示，得到如图 8-44 所示的效果。

※ 图 8-43　选择反相命令

※ 图 8-44　反相效果

（5）单击通道面板中的将通道作为选区载入按钮，如图 8-45 所示，得到如图 8-46 所示的选区。

（6）返回图层面板，双击背景层，出现新建图层对话框，如图 8-47 所示，单击确定按钮即可将背景层转变为普通层。单击图层面板中的添加图层蒙版按钮，如图 8-48 所示，即可为图层添加蒙版，得到如图 8-49 所示的人物层效果图。

※图 8-45　选择载入选区

※图 8-46　选区效果

※图 8-47　新建图层对话框

※图 8-48　添加图层蒙版

※图 8-49　人物层效果图

（7）打开新的背景图片，如图 8-50 所示，选择矩形选框工具拖出一个矩形选区，单击移动工具，将背景图片移动至人物素材上，如图 8-51 所示。按 Ctrl+T 组合键调整背景图片大小，使它覆盖人物层，如图 8-52 所示。最后将新背景图层移至最下面，得到如图 8-53 所示的新的人物背景效果图。

（8）按 Ctrl+O 组合键打开如图 8-54 所示的 PNG 相框素材，选择移动工具将相框拖至人物层即可为照片添加相框，得到如图 8-55 所示的最终效果图。

※图 8-50　新背景素材

※图 8-51　移至人物层

※图 8-52 自由变换图层大小

※图 8-53 新背景效果图

※图 8-54 相框素材

※图 8-55 最终效果图

 课后练习与指导

一、选择题

1. 当将 CMYK 模式的图像转换为多通道模式时，产生的通道名称是（   ）。

　　A. 用数字 1，2，3，4，表示四个通道

　　B. 四个通道名称都是 Alpha 通道

　　C. 四个通道名称为"黑色"的通道

　　D. 青色、洋红、黄色和黑色

2. 下列关于图层蒙版的说法错误的是（   ）。

　　A. 用黑色的毛笔在图层蒙版上涂抹，图层上的像素就会被遮住

　　B. 用白色的毛笔在图层蒙版上涂抹，图层上的像素就会显示出来

　　C. 用灰色的毛笔在图层蒙版上涂抹，图层上的像素就会出现渐隐的效果

　　D. 图层蒙版一旦建立，就不能被修改

3. CMYK 模式中共有（　　）单独的颜色通道。

  A. 1 个   B. 2 个   C. 3 个   D. 4 个

4. 一幅 CMYK 图像，其通道名称分别为 CMYK、青色、洋红、黄色、黑色，当删除黄色通道后通道面板中的各通道名为（　　）。

  A. CMYK、青色、洋红、黑色   B. ～1、～2、～3、～4

  C. 青色、洋红、黑色   D. ～1、～2、～3

5. 按什么字母键可以使图像的"快速蒙版"状态变为"标准模式"状态？（　　）

  A. A   B. C   C. Q   D. T

6. 在 Photoshop 中复制图像某一区域后，创建一个矩形选择区域，选择"编辑-粘贴入"命令，此操作的结果是下列哪一项？（　　）

  A. 得到一个无蒙版的新图层

  B. 得到一个有蒙版的图层，但蒙版与图层间没有链接关系

  C. 得到一个有蒙版的图层，而且蒙版的形状为矩形，蒙版与图层间有链接关系

  D. 如果当前操作的图层有蒙版，则得到一个新图层，否则不会得到新图层

7. 下面对蒙版的描述不正确的是（　　）。

  A. 使用快速蒙版可以选取图像

  B. 快速蒙版其实就是 Alpha 通道

  C. 在快速蒙版状态下可以应用许多滤镜命令

  D. 使用快速蒙版可以编辑图像蒙太奇效果

8. Photoshop 中最多可建立（　　）通道。

  A. 没有限制   B. 24 个   C. 100 个   D. 以上都不对

9. Alpha 通道相当于（　　）位的灰度图。

  A. 4   B. 8   C. 16   D. 32

10. 为一个名称为"图层 2"的图层增加一个图层蒙版，"通道"面板中会增加一个临时的蒙版通道，名称会是（　　）。

  A. 图层 2 蒙版 B. 通道蒙版 C. 图层蒙版 D. Alpha 通道

二、判断题

1. 背景图层可以设置图层蒙版。   （　　）

2. 通道可以分为颜色通道、专色通道和 Alpha 选区通道 3 种。   （　　）

3. 专色通道主要用来表现 CMYK 四色油墨以外的其他印刷颜色。   （　　）

三、实践题

1. 制作如图 8-56 所示的灯管字效果图。

主要步骤提示：（1）建一个 RGB 模式的新文件。（2）创建 Alpha 1 通道，植入"欢迎"粗体白色字样，取消选定，并将 Alpha 1 复制一个 Alpha 2 通道。（3）对 Alpha 2 通道进行高斯模糊处理（半径为 3）。（4）执行图像/运算命令，Alpha 1 通道和 Alpha 2 通道分别为源 1 和源 2，混合选项为"差值"。源 1 或源 2 上选择"反转"。（5）Alpha 1 通道和 Alpha 2 通道混合后的结果在 Alpha 3 通道，"选择"→"全选"后进行复制。（6）回到 RGB 通道，将 Alpha 3 的内容粘贴到 RGB 通道，然后执行图像/调整/反相命令。（7）回到图层，选定图层 1，选择色谱渐变色，设置模式为"叠加"，在"欢迎"字样上制作线性渐变。

≫图 8-56　灯管字效果图

2．利用蒙版工具将图 8-57 和图 8-58 合成如图 8-59 所示的渐入效果。

≫图 8-57　素材 1

≫图 8-58　素材 2

≫图 8-59　渐入效果

3．试将如图 8-60 所示素材做成如图 8-61 所示的效果图。

　　提示：要用通道工具将老虎的头像抠出来。步骤为：首先打开通道面板，选择红色通道，将红色通道复制一份，然后进行色阶调整，将黑场的滑块向右移动并将灰场的滑块向左移动，直到背景几乎变为黑色，老虎的边缘包括胡须变为白色，然后用加深工具，选择加深的范围是阴影，将背景中不是黑色的部分加深，直到变为黑色，再将加深的范围调整为高光，将胡须和耳朵等部分的颜色变得更加白一些。之后用套索工具在老虎的外边缘向内一点的地方勾一个大致的轮廓，因为要将老虎内部的部分也变成白色。做好选区之后将选区填充为白色，然后单击通道面板下面的"将通道保存为选区"按钮，这个时候老虎的外轮廓就被完全选中了，我们的抠图也就完成了。

※图 8-60　原图像　　　　　　　　　　　　※图 8-61　效果图

4．试用 Photoshop 的选择收缩、渐变工具、蒙版工具、路径描边等工具绘制如图 8-62 所示的一款质感的五角星效果图。

※图 8-62　五角星效果图

5．试用蒙版工具将如图 8-63 所示的图像调整成如图 8-64 所示的效果。

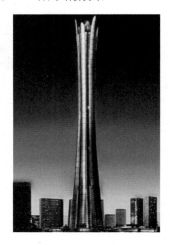

※图 8-63　原图像　　　　　　　　　　　　※图 8-64　效果图

模 块 09 滤镜

项目任务 9-1 认识滤镜与滤镜库

探索时间

Photoshop CS6 将所有的内置滤镜都放在了滤镜菜单中，单击即可在下拉列表中看到具体的滤镜名称或滤镜组。

1．使用滤镜

通过使用滤镜，可以清除和修饰照片，该应用能够为图像提供素描或印象派绘画外观的特殊艺术效果，还可以使用扭曲和光照效果创建独特的变换。Adobe 提供的滤镜显示在"滤镜"菜单中。

通过应用于智能对象的智能滤镜，可以在使用滤镜时不会造成破坏。智能滤镜作为图层效果存储在图层面板中，并且可以利用智能对象中包含的原始图像数据随时重新调整这些滤镜。

要使用滤镜，请从滤镜菜单中选取相应的子菜单命令，滤镜的使用有以下一些基本方法和技巧：

- 滤镜不能应用于位图和索引模式的图像，很多滤镜只能作用于 RGB 模式的图像。
- 对于 8 位/通道的图像，可以通过滤镜库累积应用大多数滤镜。所有滤镜都可以单独应用。
- 如果定义了选区，滤镜的作用范围为图像选区，否则为整个图像；如果当前选中的是一个图层或通道，滤镜只应用于当前图层或通道。
- 滤镜以像素为单位进行处理，滤镜处理的效果与图像的分辨率有关，同样的滤镜，同样的参数设置值，不同分辨率的图像会产生不同的效果。
- 图像分辨率较高时，应用一些滤镜要占用较大的内存空间，因而运行时间较长。
- 对图像的一部分使用滤镜时，应先对选区进行羽化，使得滤镜处理过的区域与图像的其他部分平滑过渡。
- 重复执行相同的滤镜可按 Ctrl+F 组合键。
- 执行过滤镜效果后，如果需要部分原图像的效果，可使用编辑菜单中的渐隐命令。

2．滤镜库

使用滤镜库命令可以帮助用户在同一对话框下完成多个滤镜命令，并且可以重新改变使用滤镜的顺序或重复使用同一滤镜，从而得到不同的效果。如图 9-1 所示，在左侧预览区中就可以看到使用该滤镜得到的效果，中间区域显示滤镜类型列表，提供了风格化、画笔描边、扭曲、素描、纹理和艺术效果等 6 个滤镜组。

≫ 图 9-1　滤镜库对话框

（1）画笔描边滤镜组。

与"艺术效果"滤镜一样，"画笔描边"滤镜使用不同的画笔和油墨描边效果创造出绘画效果的外观。有些滤镜添加颗粒、绘画、杂色、边缘细节或纹理。可以通过"滤镜库"来应用所有"画笔描边"滤镜。

- 成角的线条：使用对角描边重新绘制图像，用相反方向的线条来绘制亮区和暗区。
- 墨水轮廓：以钢笔画的风格，用纤细的线条在原细节上重绘图像。
- 喷溅：模拟喷溅喷枪的效果。增加选项可简化总体效果。
- 喷色描边：使用图像的主导色，用成角的、喷溅的颜色线条重新绘画图像。
- 强化的边缘：强化图像边缘。设置高的边缘亮度控制值时，强化效果类似白色粉笔；设置低的边缘亮度控制值时，强化效果类似黑色油墨。
- 深色线条：用短的、绷紧的深色线条绘制暗区；用长的白色线条绘制亮区。
- 烟灰墨：以日本画的风格绘制图像，看起来像是用蘸满油墨的画笔在宣纸上绘画。烟灰墨使用非常黑的油墨来创建柔和的模糊边缘。
- 阴影线：保留原始图像的细节和特征，同时使用模拟的铅笔阴影线添加纹理，并使彩色区域的边缘变粗糙。"强度"选项（使用值1～3）确定使用阴影线的遍数。

（2）素描滤镜组。

"素描"子菜单中的滤镜将纹理添加到图像上，通常用于获得3D效果。这些滤镜还适用于创建美术或手绘外观。许多"素描"滤镜在重绘图像时使用前景色和背景色。可以通过"滤镜库"来应用所有的"素描"滤镜。

- 半调图案：在保持连续的色调范围的同时，模拟半调网屏的效果。
- 便条纸：创建像是用手工制作的纸张构建的图像。此滤镜简化了图像，并结合使用风格化→浮雕和纹理→颗粒滤镜的效果。图像的暗区显示为纸张上层中的洞，使背景色显示出来。
- 粉笔和炭笔：重绘高光和中间调，并使用粗糙粉笔绘制纯中间调的灰色背景。阴影区域用黑色对角炭笔线条替换。炭笔用前景色绘制，粉笔用背景色绘制。
- 铬黄渐变：使图像产生液态金属流动效果。
- 绘图笔：使用细的、线状的油墨描边以捕捉原图像中的细节。对于扫描图像，效果尤其明显。此滤镜使用前景色作为油墨，并使用背景色作为纸张，以替换原图像中的颜色。
- 基底凸现：变换图像，使之呈现浮雕的雕刻状和突出光照下变化各异的表面。图像的暗区呈现前景色，而浅色使用背景色。
- 石膏效果：可以产生石膏浮雕效果。
- 水彩画纸：利用有污点的、像画在潮湿的纤维纸上的涂抹，使颜色流动并混合。
- 撕边：重建图像，使之由粗糙、撕破的纸片状组成，然后使用前景色与背景色为图像着色。对于文本或高对比度对象，此滤镜尤其有用。
- 炭笔：产生色调分离的涂抹效果。主要边缘以粗线条绘制，而中间色调用对角描边进行素描。炭笔是前景色，背景是纸张颜色。
- 炭精笔：在图像上模拟浓黑和纯白的炭精笔纹理。"炭精笔"滤镜在暗区使用前景色，在亮区使用背景色。为了获得更逼真的效果，可以在应用滤镜之前将前景色改为一种常用的"炭精笔"颜色（黑色、深褐色或血红色）。要获得减弱的效果，请将背景色改为白色，在白色背景中添加一些前景色，然后再应用滤镜。

- 图章：简化了图像，使之看起来就像是用橡皮或木制图章创建的一样。此滤镜用于黑白图像时效果最佳。
- 网状：模拟胶片乳胶的可控收缩和扭曲来创建图像，使之在阴影呈结块状，在高光呈轻微颗粒化。
- 影印：模拟影印图像的效果。大的暗区趋向于只复制边缘四周，而中间色调要么纯黑色，要么纯白色。

（3）纹理滤镜组。

可以使用"纹理"滤镜模拟具有深度感或物质感的外观，或者添加一种器质外观。

- 龟裂缝：将图像绘制在一个高凸现的石膏表面上，以循着图像等高线生成精细的网状裂缝。使用此滤镜可以对包含多种颜色值或灰度值的图像创建浮雕效果。
- 颗粒：通过模拟以下不同种类的颗粒在图像中添加纹理——常规、软化、喷洒、结块、强反差、扩大、点刻、水平、垂直和斑点（可从"颗粒类型"菜单中选择）。
- 马赛克拼贴：渲染图像，使它看起来是由小的碎片或拼贴组成的，然后在拼贴之间灌浆（相反，"像素化"→"马赛克"滤镜将图像分解成各种颜色的像素块）。
- 拼缀图：将图像分解为用图像中该区域的主色填充的正方形。此滤镜随机减小或增大拼贴的深度，以模拟高光和阴影。
- 染色玻璃：将图像重新绘制为用前景色勾勒的单色的相邻单元格。
- 纹理化：将选择或创建的纹理应用于图像。

（4）艺术效果滤镜组。

可以使用"艺术效果"子菜单中的滤镜，帮助为美术或商业项目制作绘画效果或艺术效果。例如，将"木刻"滤镜用于拼帖或印刷。这些滤镜模仿自然或传统介质效果。可以通过"滤镜库"来应用所有的"艺术效果"滤镜。

- 壁画：使用短而圆的、粗略涂抹的小块颜料，以一种粗糙的风格绘制图像。
- 彩色铅笔：使用彩色铅笔在纯色背景上绘制图像。保留边缘，外观呈粗糙阴影线；纯色背景色透过比较平滑的区域显示出来。要制作羊皮纸效果，请在将"彩色铅笔"滤镜应用于选中区域之前更改背景色。
- 粗糙蜡笔：在带纹理的背景上应用粉笔描边。在亮色区域，粉笔看上去很厚，几乎看不见纹理；在深色区域，粉笔似乎被擦去了，使纹理显露出来。
- 底纹效果：在带纹理的背景上绘制图像，然后将最终图像绘制在该图像上。
- 干画笔：使用干画笔技术（介于油彩和水彩之间）绘制图像边缘。此滤镜通过将图像的颜色范围降到普通颜色范围来简化图像。
- 海报边缘：根据设置的海报化选项减少图像中的颜色数量（对其进行色调分离），并查找图像的边缘，在边缘上绘制黑色线条。大而宽的区域有简单的阴影，而细小的深色细节遍布图像。
- 海绵：使用颜色对比强烈、纹理较重的区域创建图像，以模拟海绵绘画的效果。
- 绘画涂抹：可以选取各种大小（1～50）和类型的画笔来创建绘画效果。画笔类型包括简单、未处理光照、暗光、宽锐化、宽模糊和火花。
- 胶片颗粒：将平滑图案应用于阴影和中间色调。将一种更平滑、饱和度更高的图案添加到亮区。在消除混合的条纹和将各种来源的图素在视觉上进行统一时，此滤镜非常有用。

- 木刻：使图像看上去好像是由从彩纸上剪下的边缘粗糙的剪纸片组成的。高对比度的图像看起来呈剪影状，而彩色图像看上去是由几层彩纸组成的。
- 霓虹灯光：将各种类型的灯光添加到图像中的对象上。此滤镜用于在柔化图像外观时给图像着色。要选择一种发光颜色，请单击发光框，并从拾色器中选择一种颜色。
- 水彩：以水彩的风格绘制图像，使用蘸了水和颜料的中号画笔绘制以简化细节。当边缘有显著的色调变化时，此滤镜会使颜色更饱满。
- 塑料包装：给图像涂上一层光亮的塑料，以强调表面细节。
- 调色刀：减少图像中的细节以生成描绘得很淡的画布效果，可以显示出下面的纹理。
- 涂抹棒：使用短的对角描边涂抹暗区以柔化图像。亮区变得更亮，以致失去细节。

教你一招

在预览区中按住 Ctrl 键单击鼠标会将图像放大，按住 Alt 键单击鼠标会将图像缩小。当图像放大到超出预览区时，可使用鼠标拖动图像来查看图像的局部。

3．独立滤镜的使用

（1）自适应广角滤镜：自适应广角滤镜可以增强图像的透视关系，并为图像制作具有视觉冲击力的效果。

（2）镜头校正滤镜：镜头校正滤镜可修正常见的镜头缺陷，如桶状和枕状扭曲、晕影和色差等。该滤镜只适用于 RGB 或灰度模式。

（3）液化滤镜：使用液化命令可以对图像进行类似液化效果的变形，其变形的程度可以随意控制，其中包括向前变形、旋转扭曲、褶皱、膨胀等工具。

（4）油画滤镜：油画滤镜可以将一般的图像转化为油画风格，并通过滤镜参数设置呈现出不同的效果。

（5）消失点滤镜：使用消失点命令，在编辑透视平面（如延伸的路面或墙面）上的图像时，可以保留其透视效果。

项目任务 9-2 ▶ 扭曲滤镜组的使用

探索时间

扭曲滤镜是一组功能强大的滤镜，可对图像进行几何扭曲变形等操作，使图像产生水波、挤压、旋转等不同程度的变形效果。

1．波浪滤镜的使用

工作方式类似于"波纹"滤镜，但可进行进一步的控制。选项包括波浪生成器的数量、波长（从一个波峰到下一个波峰的距离）、波浪高度和波浪类型——正弦（滚动）、三角形或方形。"随机化"选项应用随机值。也可以定义未扭曲的区域。

2．波纹滤镜的使用

在选区上创建波状起伏的图案，像水池表面的波纹。要进一步进行控制，请使用"波浪"

滤镜。选项包括波纹的数量和大小。

3．极坐标滤镜的使用

根据选中的选项，将选区从平面坐标转换到极坐标，或将选区从极坐标转换到平面坐标。可以使用此滤镜创建圆柱变体（18 世纪流行的一种艺术形式），当在镜面圆柱中观看圆柱变体中扭曲的图像时，图像是正常的。

4．挤压滤镜的使用

挤压选区。正值（最大值是 100%）将选区向中心移动；负值（最小值是−100%）将选区向外移动。

5．切变滤镜的使用

沿一条曲线扭曲图像。通过拖动框中的线条来指定曲线，可以调整曲线上的任何一点。单击"默认"可将曲线恢复为直线。另外，选取如何处理未扭曲的区域。

6．球面化滤镜的使用

该滤镜将图像映射到一个球体上，在球面上扭曲和伸展图像，并可以将滤镜效果约束在水平或垂直轴上。其效果与挤压滤镜相似。

7．水波滤镜的使用

根据选区中像素的半径将选区径向扭曲。"起伏"选项设置水波方向从选区的中心到其边缘的反转次数。还要指定如何置换像素："水池波纹"将像素置换到左上方或右下方，"从中心向外"向着或远离选区中心置换像素，而"围绕中心"则围绕中心旋转像素。

8．旋转扭曲滤镜的使用

旋转选区，中心的旋转程度比边缘的旋转程度大。指定角度时可生成旋转扭曲图案。

9．置换滤镜的使用

使用名为置换图的图像确定如何扭曲选区。例如，使用抛物线形的置换图创建的图像看上去像是印在一块两角固定悬垂的布上。

❋ 动手做　制作绳子缠绕效果

制作绳子缠绕效果的步骤为：

（1）选择文件→新建命令或按 Ctrl+N 组合键，设置"宽度"和"高度"均为"400 像素"，"分辨率"为"300 像素/英寸"，"颜色模式"为"RGB 颜色"，"背景内容"为"白色"，如图 9-2 所示。

（2）单击创建新图层按钮，如图 9-3 所示，新建图层 1，设定"前景色"为"蓝色"并填充图层 1。选择滤镜→滤镜库命令，如图 9-4 所示，单击素描下拉菜单，弹出半调图案界面，如图 9-5 所示，设置"大小"为"2"，"对比度"为"31"，"图案类型"为"直线"，单击确定按钮，图像效果如图 9-6 所示。

※ 图 9-2　新建文件对话框

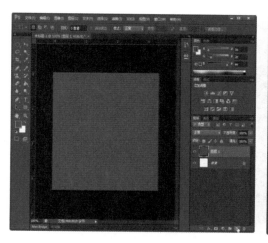

※ 图 9-3　新建图层 1　　　　　　　　　　　　　　※ 图 9-4　选择滤镜库命令

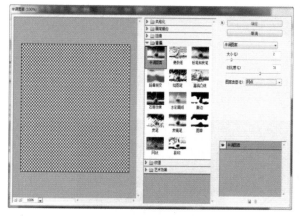

※ 图 9-5　半调图案界面

※ 图 9-6　半调图案效果图

（3）选择滤镜→杂色→添加杂色命令，如图 9-7 所示，弹出添加杂色对话框，将"数量"设置为"25"，"分布"选"平均分布"，选中单色复选框，单击确定按钮，图像效果如图 9-8 所示。

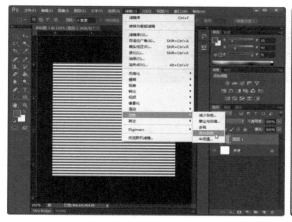

※ 图 9-7 选择添加杂色命令

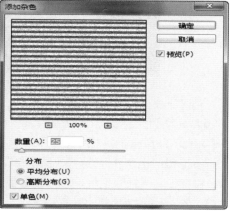

※ 图 9-8　添加杂色效果

（4）按 Ctrl 键，单击图层面板中的图像缩略图，载入选区，如图 9-9 所示。单击鼠标右键，选择自由变换命令，在工具选项栏中设置该图层旋转的"角度"为 45°，效果如图 9-10 所示。

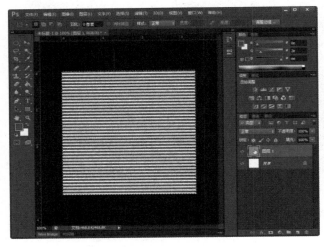

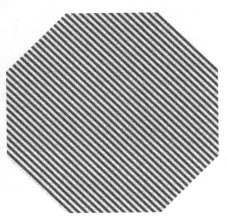

※图 9-9　载入选区　　　　　　　　　　　　　　　　　　　　　　　※图 9-10　旋转 45°

（5）使用椭圆选框工具 ，在图像中间位置绘制一个椭圆，如图 9-11 所示。并按 Ctrl+J 组合键复制图层，命名为"图层 2"。

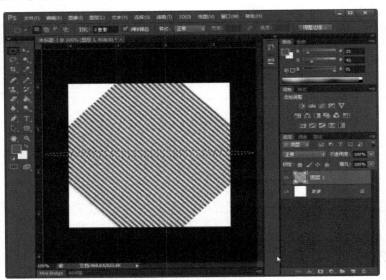

※图 9-11　使用椭圆选框工具

（6）选择滤镜→扭曲→极坐标命令，如图 9-12 所示，选择平面坐标到极坐标选项，如图 9-13 所示，单击确定按钮。

（7）隐藏"图层 1"，选择"图层 2"，选择图层→图层样式→斜面和浮雕命令，如图 9-14 所示。打开图层样式对话框，参数设置如图 9-15 所示，单击确定按钮。

（8）至此绳子效果已经呈现出来了，更改背景层为黄色，如图 9-16 所示。最后复制几个绳子图层，形成依次排列缠绕效果，最终图像效果如图 9-17 所示。

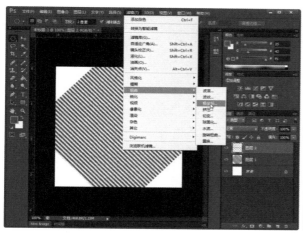

※ 图 9-12　选择极坐标命令

※ 图 9-14　选择斜面和浮雕命令

※ 图 9-13　极坐标对话框

※ 图 9-15　设置"斜面和浮雕"参数

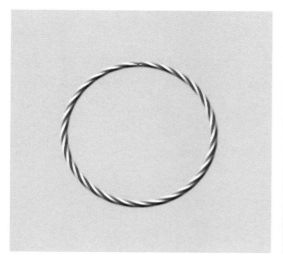

※ 图 9-16　应用图层样式的效果

※ 图 9-17　绳子缠绕的效果

项目任务 9-3 ▶ 风格化滤镜组的使用

探索时间

"风格化"滤镜通过置换像素和查找并增加图像的对比度,在选区中生成绘画或印象派的效果。在使用"查找边缘"和"等高线"等突出显示边缘的滤镜后,可应用"反相"命令用彩色线条勾勒彩色图像的边缘或用白色线条勾勒灰度图像的边缘。

1. 查找边缘滤镜的使用

用显著的转换标识图像的区域,并突出边缘。像"等高线"滤镜一样,"查找边缘"用相对于白色背景的黑色线条勾勒图像的边缘,这对生成图像周围的边界非常有用。

2. 等高线滤镜的使用

查找主要亮度区域的转换并为每个颜色通道淡淡地勾勒主要亮度区域的转换,以获得与等高线图中的线条类似的效果。

3. 风滤镜的使用

在图像中放置细小的水平线条来获得风吹的效果。方法包括"风"、"大风"(用于获得更生动的风效果)和"飓风"(使图像中的线条发生偏移)。

4. 浮雕效果滤镜的使用

通过将选区的填充色转换为灰色,并用原填充色描画边缘,从而使选区显得凸起或压低。选项包括浮雕角度(−360°~+360°,−360度使表面凹陷,+360度使表面凸起)、高度和选区中颜色数量的百分比(1%~500%)。要在进行浮雕处理时保留颜色和细节,请在应用"浮雕"滤镜之后使用"渐隐"命令。

5. 扩散滤镜的使用

扩散滤镜可以使图像产生看起来像透过磨砂玻璃一样的模糊效果。

6. 拼贴滤镜的使用

将图像分解为一系列拼贴,使选区偏离其原来的位置。可以选取下列对象之一填充拼贴之间的区域:背景色,前景色,图像的反转版本或图像的未改变版本。它们使拼贴的版本位于原版本之上并露出原图像中位于拼贴边缘下面的部分。

7. 曝光过度滤镜的使用

混合负片和正片图像,类似于显影过程中将摄影照片短暂曝光。

8. 凸出滤镜的使用

赋予选区或图层一种 3D 纹理效果。请参阅应用凸出滤镜。

∷∷ 动手做 制作燃烧字效果

制作燃烧字效果的步骤为:

(1)选择文件→新建命令或按 Ctrl+N 组合键,新建一个名为"燃烧字"的图像文件。设置文件的"宽度"和"高度"分别为"600 像素×400 像素","分辨率"为"72 像素/英寸","颜色模式"为 RGB 颜色,"背景内容"为"白色",如图 9-18 所示。

（2）设置背景色为"蓝色",按 Ctrl+Delete 组合键用背景色填充背景层,如图 9-19 所示。

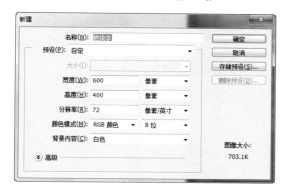

※图 9-18　新建文件

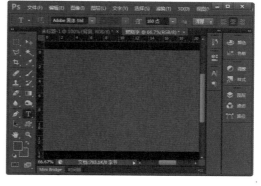

※图 9-19　填充背景层

（3）选择工具栏中的横排文字工具,输入文字"燃烧字",如图 9-20 所示。选中文字,如图 9-21 所示,按 Ctrl+T 组合键打开字符对话框,参数设置如图 9-22 所示,得到如图 9-23 所示的效果。

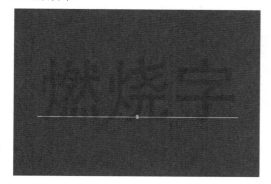

※图 9-20　输入文字

※图 9-21　选中文字

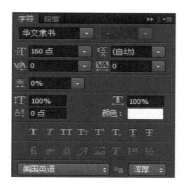

※图 9-22　设置字符参数

※图 9-23　文字效果图

（4）选择图层→栅格化→文字命令,如图 9-24 所示,将文字层转化为图层,并选择滤镜→扭曲→波纹命令,如图 9-25 所示,打开波纹对话框,参数设置如图 9-26 所示,单击确定按钮,得到如图 9-27 所示的效果。

» 图 9-24 选择栅格化文字命令

» 图 9-25 选择波纹命令

» 图 9-26 波纹对话框

» 图 9-27 波纹文字效果图

（5）将"燃烧字"图层拖动到新建图层按钮上，得到"燃烧字副本"。

（6）单击"燃烧字副本"层，选择图像→图像旋转→90度（顺时针）命令，得到如图 9-28 所示的效果。

（7）选择滤镜→风格化→风命令，打开风对话框，具体的参数设置如图 9-29 所示，为图像应用"从左"吹风效果，单击确定按钮。如果效果不够明显，重复两次相同的操作，得到如图 9-30 所示的效果。

» 图 9-28 旋转

» 图 9-29 风的参数设置

» 图 9-30 左风向效果

（8）选择滤镜→风格化→风命令，打开风对话框，具体的参数设置如图 9-31 所示，为图像应用"从右"吹风效果，单击确定按钮。为了得到更好的效果，重复两次相同的操作，得到如图 9-32 所示的效果。

》图 9-31　参数设置

》图 9-32　右风向效果

（9）选择图像→图像旋转→90 度（逆时针）命令，将图像逆时针旋转 90°，得到效果如图 9-33 所示，然后将"燃烧字"图层拖动到最上层，得到效果如图 9-34 所示。

（10）选择滤镜→模糊→高斯模糊命令，参数设置如图 9-35 所示，单击确定按钮，得到如图 9-36 所示的效果。

（11）单击背景层，将背景层填充黑色，最终得到如图 9-37 所示的效果图。

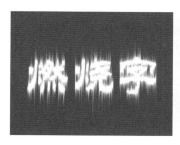

》图 9-33　逆时针旋转

》图 9-34　调换图层顺序

》图 9-35　高斯模糊对话框

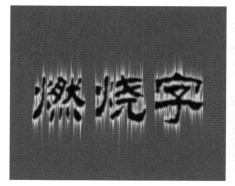

》图 9-36　"高斯模糊"效果

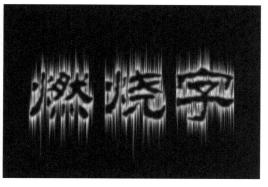

》图 9-37　"燃烧字"效果图

项目任务 9-4 模糊滤镜组的使用

探索时间

"模糊"滤镜柔化选区或整个图像，这对于修饰非常有用。它们通过平衡图像中已定义的线条和遮蔽区域的清晰边缘旁边的像素，使变化显得柔和。

1. 场景模糊滤镜的使用

场景模糊可以按照调整的参数对整个画面进行整体模糊。

2. 光圈模糊滤镜的使用

光圈模糊可以模仿相机镜头拍摄时产生的光圈模糊效果。

3. 倾斜偏移滤镜的使用

倾斜偏移可以按照调整的参数对整个画面进行景深模糊处理。

4. 表面模糊滤镜的使用

表面模糊在保留边缘的同时模糊图像。此滤镜用于创建特殊效果并消除杂色或粒度。"半径"选项指定模糊取样区域的大小，"阈值"选项控制相邻像素色调值与中心像素值相差多大时才能成为模糊的一部分。色调值差小于阈值的像素被排除在模糊之外。

5. 动感模糊滤镜的使用

沿指定方向（−360°～+360°）以指定强度（1～999）进行模糊。此滤镜的效果类似于以固定的曝光时间给一个移动的对象拍照。

6. 方框模糊滤镜的使用

基于相邻像素的平均颜色值来模糊图像。此滤镜用于创建特殊效果。可以调整用于计算给定像素的平均值的区域大小；半径越大，产生的模糊效果越好。

7. 高斯模糊滤镜的使用

使用可调整的量快速模糊选区。高斯是指当 Photoshop 将加权平均应用于像素时生成的钟形曲线。"高斯模糊"滤镜添加低频细节，并产生一种朦胧效果。

8. 进一步模糊滤镜的使用

在图像中有显著颜色变化的地方消除杂色。"进一步模糊"滤镜的效果比"模糊"滤镜强 3～4 倍。

9. 径向模糊滤镜的使用

模拟缩放或旋转的相机所产生的模糊，产生一种柔化的模糊。选取"旋转"，沿同心圆环线模糊，然后指定旋转的度数。选取"缩放"，沿径向线模糊，好像是在放大或缩小图像，然后指定 1～100 之间的值。模糊的品质范围从"草图"到"好"和"最好"："草图"产生最快但为粒状的结果，"好"和"最好"产生比较平滑的结果，除非在大选区上，否则看不出这两种品质的区别。通过拖动"中心模糊"框中的图案，指定模糊的原点。

10. 镜头模糊滤镜的使用

向图像中添加模糊以产生更窄的景深效果，以便使图像中的一些对象在焦点内，而使另一些区域变模糊。

11．模糊滤镜的使用

在图像中有显著颜色变化的地方消除杂色。"模糊"滤镜通过平衡已定义的线条和遮蔽区域的清晰边缘旁边的像素，使变化显得柔和。

12．平均滤镜的使用

找出图像或选区的平均颜色，然后用该颜色填充图像或选区以创建平滑的外观。例如，如果选择了草坪区域，平均滤镜会将该区域更改为一块均匀的绿色部分。

13．特殊模糊滤镜的使用

精确地模糊图像，可以指定半径、阈值和模糊品质。半径值确定在其中搜索不同像素的区域大小。阈值确定像素具有多大差异后才会受到影响。也可以为整个选区设置模式（正常），或为颜色转变的边缘设置模式（"仅限边缘"和"叠加边缘"）。在对比度显著的地方，"仅限边缘"应用黑白混合的边缘，而"叠加边缘"应用白色的边缘。

14．形状模糊滤镜的使用

使用指定的内核来创建模糊。从自定形状预设列表中选取一种内核，并使用"半径"滑块来调整其大小。通过单击三角形并从列表中选取，可以载入不同的形状库。半径决定了内核的大小；内核越大，模糊效果越好。

提示

要将模糊滤镜应用到图层边缘，请取消选择图层面板中的锁定透明像素选项。

项目任务 9-5　像素化滤镜组的使用

探索时间

"像素化"子菜单中的滤镜通过使单元格中颜色值相近的像素结成块来清晰地定义一个选区。

1．彩块化滤镜的使用

使纯色或相近颜色的像素结成相近颜色的像素块。可以使用此滤镜使扫描的图像看起来像手绘图像，或使现实主义图像类似抽象派绘画。

2．彩色半调滤镜的使用

模拟在图像的每个通道上使用放大的半调网屏的效果。对于每个通道，滤镜将图像划分为矩形，并用圆形替换每个矩形。圆形的大小与矩形的亮度成比例。请参阅应用彩色半调滤镜。

3．点状化滤镜的使用

将图像中的颜色分解为随机分布的网点，如同点状化绘画一样，并使用背景色作为网点之间的画布区域。

4．晶格化滤镜的使用

使像素结块形成多边形纯色。

5.马赛克滤镜的使用

使像素结为方形块。给定块中的像素颜色相同，块颜色代表选区中的颜色。

6.碎片滤镜的使用

创建选区中像素的 4 个副本，将它们平均，并使其相互偏移。

7.铜版雕刻滤镜的使用

将图像转换为黑白区域的随机图案或彩色图像中完全饱和颜色的随机图案。要使用此滤镜，请从铜版雕刻对话框的类型菜单中选取一种网点图案。

动手做 制作雪景效果

制作雪景效果的步骤为：

（1）打开图片素材，如图 9-38 所示，新建"图层 1"，按快捷键 D 将前景色与背景色分别填充成"黑色"和"白色"，按 Alt+Delete 组合键用前景色填充"图层 1"，如图 9-39 所示。

（2）选择滤镜→像素化→点状化命令，如图 9-40 所示，打开点状化对话框，参数设置如图 9-41 所示，单击确定按钮。

※ 图 9-38 图片素材

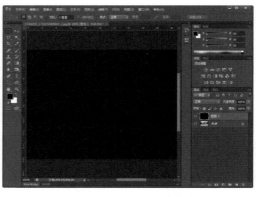

※ 图 9-39 用前景色填充图层

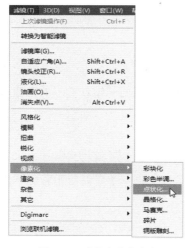

※ 图 9-40 选择点状化命令

※ 图 9-41 点状化对话框

（3）选择滤镜→模糊→动感模糊命令，如图 9-42 所示，打开动感模糊对话框，参数设置如图 9-43 所示，单击确定按钮。

※ 图 9-42　选择动感模糊命令

※ 图 9-43　动感模糊对话框

（4）将图层面板中"图层 1"的图层模式改为"滤色，如图 9-44 所示，得到如图 9-45 所示的效果。

※ 图 9-44　更改图层模式

※ 图 9-45　滤色效果

（5）隐藏"图层 1"，选中背景层，选择图像→调整→替换颜色命令，如图 9-46 所示，打开替换颜色对话框，参数设置如图 9-47 所示，单击确定按钮，得到如图 9-48 所示的效果，显示"1"即可得到如图 9-49 所示的最终"雪景"效果。

※ 图 9-46　选择替换颜色命令

※ 图 9-47　替换颜色对话框

※ 图 9-48　替换颜色效果

※ 图 9-49　"雪景"效果

项目任务 9-6　杂色滤镜组的使用

探索时间

"杂色"滤镜添加或移去杂色或带有随机分布色阶的像素。这有助于将选区混合到周围的像素中。"杂色"滤镜可创建与众不同的纹理或移去有问题的区域，如灰尘和划痕。

1．减少杂色滤镜的使用

在基于影响整个图像或各个通道的用户设置保留边缘的同时减少杂色。

2．蒙尘与划痕滤镜的使用

通过更改相异的像素减少杂色。

3．去斑滤镜的使用

检测图像的边缘（发生显著颜色变化的区域）并模糊除那些边缘外的所有选区。该模糊操作会移去杂色，同时保留细节。

4．添加杂色滤镜的使用

将随机像素应用于图像，模拟在高速胶片上拍照的效果。也可以使用"添加杂色"滤镜来减少羽化选区或渐进填充中的条纹，或使经过重大修饰的区域看起来更真实。杂色分布选项包括"平均"和"高斯"。"平均"使用随机数值（介于 0 以及正/负指定值之间）分布杂色的颜色值以获得细微效果，"高斯"沿一条钟形曲线分布杂色的颜色值以获得斑点状的效果。"单色"选项将此滤镜只应用于图像中的色调元素，而不改变颜色。

5．中间值滤镜的使用

通过混合选区中像素的亮度来减少图像的杂色。此滤镜搜索像素选区的半径范围以查找亮度相近的像素，扔掉与相邻像素差异太大的像素，并用搜索到的像素的中间亮度值替换中心像素。此滤镜在消除或减少图像的动感效果时非常有用。

※ 动手做　制作沙滩字效果

制作沙滩字效果的步骤为：

（1）新建一文件，宽高为"800 像素×600 像素"，分辨率为"72 像素/英寸"，模式为"RGB 颜色"，如图 9-50 所示。在工具箱中设置前景色的 R、G、B 值分别为"217"、"205"、"163"，如图 9-51 所示，背景色的 R、G、B 值分别为"113"、"84"、"19"，如图 9-52 所示。按 Alt＋Delete 组合键用前景色进行填充，效果如图 9-53 所示。

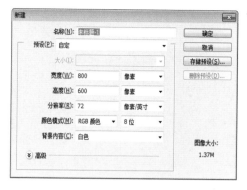

≫ 图 9-50　新建文件

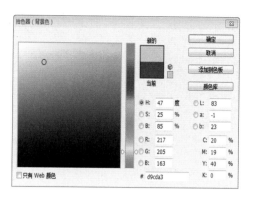

≫ 图 9-51　前景色设置

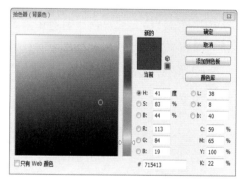

≫ 图 9-52　背景色设置

≫ 图 9-53　填充前景色

（2）选择滤镜→杂色→添加杂色命令，如图 9-54 所示，在弹出的添加杂色对话框中设置参数，如图 9-55 所示，单击确定按钮，得到如图 9-56 所示的效果。

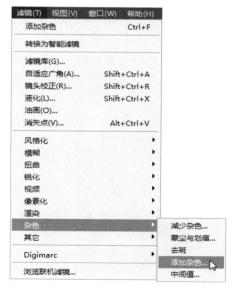

≫ 图 9-54　选择添加杂色命令

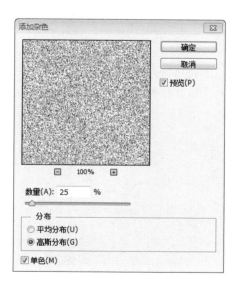

≫ 图 9-55　参数设置

（3）新建图层，选择工具箱中的画笔工具，在画面中写一个字，如图 9-57 所示。按 Ctrl 键单击文字层，为文字建立选区，然后将文字层删除，如图 9-58 所示。

≫ 图 9-56　效果图　　　　　　≫ 图 9-57　用画笔写字　　　≫ 图 9-58　建立文字选区并删除文字层

（4）按 Ctrl+J 组合键，将文字选区复制到"图层 1"，再将"图层 1"复制生成"图层 1 副本"。双击"图层 1"，在弹出的图层样式对话框中选择"斜面和浮雕"，设置等高线为"环形"，高光颜色为"暗灰色"，其他参数设置如图 9-59 所示，单击确定按钮。再双击"图层 1 副本"，在图层样式对话框中选择"斜面和浮雕"，参数为默认值，单击确定按钮，效果如图 9-60 所示。

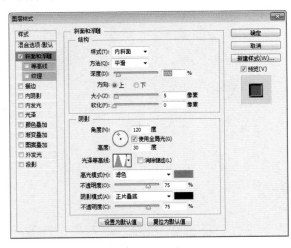

≫ 图 9-59　参数设置　　　　　　　　　　≫ 图 9-60　效果图（1）

（5）按 Ctrl 键，单击"图层 1 副本"，选中该层的文字，按 Delete 键清除，如图 9-61 所示，然后将背景图层隐藏，得到如图 9-62 所示的效果。

≫ 图 9-61　删除选区　　　　　　　　　　≫ 图 9-62　隐藏背景层

（6）取消选区，选择"喷溅类"画笔，调整粗细略大于原文字，如图 9-63 所示，在"图层 1 副本"中重新描写文字，如图 9-64 所示。

※ 图 9-63　选择画笔

※ 图 9-64　用画笔描写文字

（7）选择选择→重新选择命令，如图 9-65 所示，恢复原来的选区，然后按 Shift＋F6 组合键打开羽化选区对话框，设置"羽化半径"为"1 像素"，如图 9-66 所示。单击确定按钮，得到如图 9-67 所示的效果。

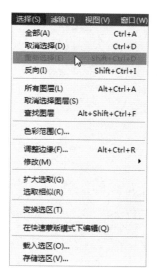

※ 图 9-66　参数设置

※ 图 9-65　恢复选区

※ 图 9-67　效果图（2）

（8）选择选择→修改→收缩命令，如图 9-68 所示，在弹出的收缩对话框中，设置"收缩量"为"3 像素"，如图 9-69 所示。按 Delete 键，删除所描文字的中间部分，效果如图 9-70 所示。

（9）按 Ctrl＋D 组合键，取消选区，选择"图层 1"为当前图层，选择滤镜→模糊→高斯模糊命令，如图 9-71 所示，在弹出的高斯模糊对话框中，设置"半径"为"5 像素"，如图 9-72 所示。单击确定按钮，得到如图 9-73 所示的效果。

（10）分别对"图层 1"和"图层 1 副本"执行滤镜→杂色→添加杂色命令，如图 9-74

所示，参数设置与原来相同，并显示背景图层，效果如图 9-75 所示。

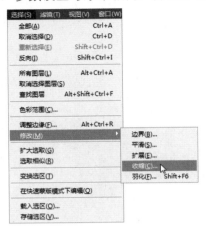

※ 图 9-68　选择收缩命令

※ 图 9-69　参数设置

※ 图 9-70　效果图（3）

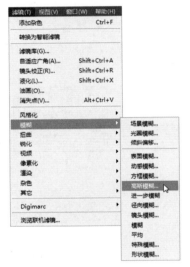

※ 图 9-71　选择高斯模糊命令

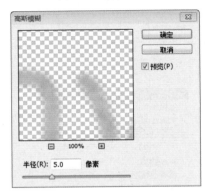

※ 图 9-72　参数设置

※ 图 9-73　效果图（4）

※ 图 9-74　选择添加杂色命令

※ 图 9-75　效果图（5）

（11）选择"图层 1"，选择图像→调整→亮度/对比度命令，如图 9-76 所示，在弹出的亮度/对比度对话框中，适当调低亮度，单击确定按钮，得到如图 9-77 所示的沙滩字效果。

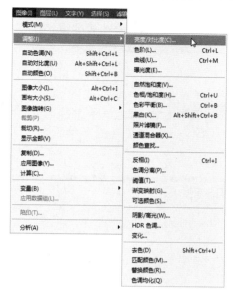

※ 图 9-76　选择亮度/对比度命令　　　　　　　　　　　※ 图 9-77　沙滩字效果图

项目任务 9-7　渲染滤镜组的使用

探索时间

"渲染"滤镜在图像中创建 3D 形状、云彩图案、折射图案和模拟的光反射。也可在 3D 空间中操纵对象，创建 3D 对象（立方体、球面和圆柱），并从灰度文件创建纹理填充以产生类似 3D 的光照效果。

1. 分层云彩滤镜的使用

使用随机生成的介于前景色与背景色之间的值，生成云彩图案。此滤镜将云彩数据和现有的像素混合，其方式与"差值"模式混合颜色的方式相同。第一次选取此滤镜时，图像的某些部分被反相为云彩图案。应用此滤镜几次之后，会创建出与大理石的纹理相似的凸缘与叶脉图案。当应用"分层云彩"滤镜时，现用图层上的图像数据会被替换。

2. 光照效果滤镜的使用

用户可以通过改变 17 种光照样式、3 种光照类型和 4 套光照属性，在 RGB 图像上产生无数种光照效果。还可以使用灰度文件的纹理（称为凹凸图）产生类似 3D 的效果，并存储用户自己的样式以在其他图像中使用。

3. 镜头光晕滤镜的使用

模拟亮光照射到像机镜头所产生的折射。通过单击图像缩览图的任一位置或拖动其十字线，指定光晕中心的位置。

4．纤维滤镜的使用

使用前景色和背景色创建编织纤维的外观。可以使用"差异"滑块来控制颜色的变化方式（较低的值会产生较长的颜色条纹；而较高的值会产生非常短且颜色分布变化更大的纤维）。"强度"滑块控制每根纤维的外观。低设置会产生松散的织物，而高设置会产生短的绳状纤维。单击"随机化"按钮可更改图案的外观；可多次单击该按钮，直到看到喜欢的图案。当用户应用"纤维"滤镜时，现用图层上的图像数据会被替换。

5．云彩滤镜的使用

使用介于前景色与背景色之间的随机值，生成柔和的云彩图案。要生成色彩较为分明的云彩图案，请按住 Alt 键（Windows）或 Option 键（Mac OS），然后选取滤镜→渲染→云彩。当应用"云彩"滤镜时，现用图层上的图像数据会被替换。

项目任务 9-8　锐化滤镜组的使用

探索时间

1．USM 锐化滤镜的使用

调整边缘细节的对比度，并在边缘的每侧生成一条亮线和一条暗线。此过程将使边缘突出，造成图像更加锐化的错觉。使用次锐化可以进行专业的色彩校正。

2．进一步锐化滤镜的使用

聚焦选区并提高其清晰度。"进一步锐化"滤镜比"锐化"滤镜应用更强的锐化效果。

3．锐化滤镜的使用

"锐化"滤镜通过增加相邻像素的对比度来聚焦模糊的图像。

4．锐化边缘滤镜的使用

查找图像中颜色发生显著变化的区域，然后将其锐化。"锐化边缘"滤镜只锐化图像的边缘，同时保留总体的平滑度。使用此滤镜在不指定数量的情况下锐化边缘。

5．智能锐化滤镜的使用

通过设置锐化算法或控制阴影和高光中的锐化量来锐化图像。

项目任务 9-9　视频滤镜组的使用

探索时间

1．NTSC 颜色滤镜的使用

将色域限制在电视机重现可接收的范围内，以防止过饱和颜色渗到电视扫描行中。

2．逐行滤镜的使用

通过移去视频图像中的奇数或偶数隔行线，使在视频上捕捉的运动图像变得平滑。

项目任务 9-10 ▶ 其他滤镜组的使用

探索时间

1．高反差保留滤镜的使用

在有强烈颜色转变发生的地方按指定的半径保留边缘细节，并且不显示图像的其余部分。此滤镜移去图像中的低频细节，与"高斯模糊"滤镜的效果恰好相反。

2．位移滤镜的使用

将选区移动指定的水平量或垂直量，而选区的原位置变成空白区域。可以用当前背景色、图像的另一部分填充这块区域，或者如果选区靠近图像边缘，也可以使用所选择的填充内容进行填充。

3．自定滤镜的使用

使用"自定"滤镜，根据预定义的数学运算（称为卷积），可以更改图像中每个像素的亮度值。根据周围的像素值为每个像素重新指定一个值。此操作与通道的加、减计算类似。

4．最大值滤镜的使用

"最大值"滤镜有应用阻塞的效果：展开白色区域和阻塞黑色区域。

5．最小值滤镜的使用

"最小值"滤镜有应用伸展的效果：展开黑色区域和收缩白色区域。

6．Digimarc 滤镜的使用

"Digimarc"滤镜将数字水印嵌入到图像中以储存版权信息。

动手做 制作熔岩星体

制作熔岩星体的步骤为：

（1）打开 Photoshop CS6，选择文件→新建命令或按 Ctrl+N 组合键，出现新建对话框。设置"宽度"和"高度"分别为"600 像素"和"400 像素"，"分辨率"为"72 像素/英寸"，"颜色模式"为"8 位 RGB 颜色"，"背景内容"为"白色"，如图 9-78 所示。

（2）设置前景色为"黑色"，按 Alt+Delete 组合键用前景色填充背景层，如图 9-79 所示。

※图 9-78 新建文件

※图 9-79 填充背景层

（3）选择滤镜→杂色→添加杂色命令，如图 9-80 所示，具体参数设置如图 9-81 所示，单击确定按钮。

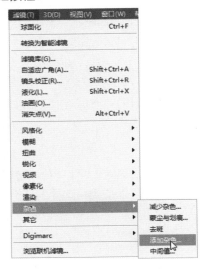

>> 图 9-80　选择添加杂色命令　　　　　　　　　　　>> 图 9-81　添加杂色参数设置

（4）按 Ctrl+J 组合键复制出"图层 1"，并设置图层 1 的混合模式为"叠加"，如图 9-82 所示。再创建一个新图层，使用椭圆选框工具在图中按下鼠标左健不放，然后按着 Shift 键并拖动鼠标，创建一个正圆的选区，如图 9-83 所示。在选区中填充黑色，如图 9-84 所示。

>> 图 9-83　创建选区

>> 图 9-82　复制图层　　　　　　　　　　　　　　　>> 图 9-84　填充选区

（5）在菜单中选择滤镜→渲染→分层云彩命令，如图 9-85 所示，得到如图 9-86 所示的效果。

（6）按 Ctrl+L 组合键可弹出色阶对话框，具体参数设置如图 9-87 所示，得到如图 9-88 所示的效果。

（7）在菜单栏中选择滤镜→锐化→USM 锐化命令，如图 9-89 所示，具体参数设置如图 9-90 所示。

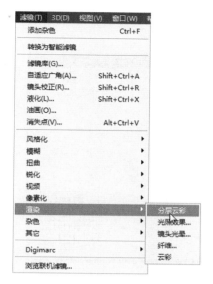

≫ 图 9-85　选择分层云彩命令

≫ 图 9-86　滤镜效果图

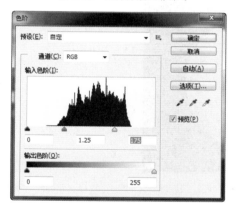

≫ 图 9-87　色阶参数设置

≫ 图 9-88　色阶效果图

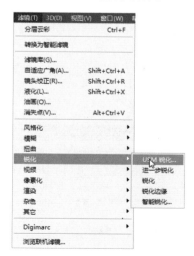

≫ 图 9-89　选择 USM 锐化命令

≫ 图 9-90　USM 锐化参数设置

（8）在菜单栏中选择滤镜→扭曲→球面化命令，如图 9-91 所示，具体参数设置如图 9-92 所示，得到如图 9-93 所示的效果。

※ 图 9-91　选择球面化命令

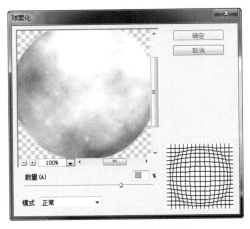

※ 图 9-92　球面化参数设置

※ 图 9-93　球面化效果图

（9）在菜单栏中选择图像→调整→色彩平衡命令，如图 9-94 所示，具体参数设置依次如图 9-95 至图 9-97 所示，单击确定按钮，得到如图 9-98 所示的效果。

※ 图 9-94　选择色彩平衡命令

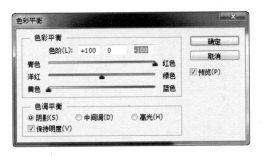

※ 图 9-95　色彩平衡参数设置（1）

※ 图 9-96 色彩平衡参数设置（2）

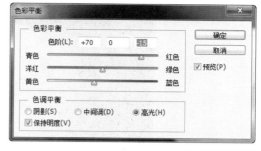

※ 图 9-97 色彩平衡参数设置（3）

※ 图 9-98 色彩平衡效果图

（10）在菜单栏中选择图层→图层样式→外发光命令，如图 9-99 所示，具体参数设置如图 9-100 所示，得到如图 9-101 所示的最终效果图。

※ 图 9-99 选择外发光命令

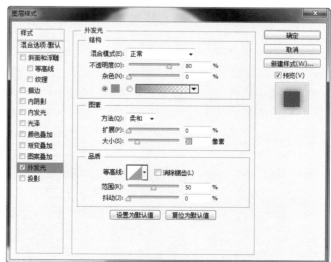

※ 图 9-100 外发光参数设置

※ 图 9-101　最终效果图

课后练习与指导

一、选择题

1. 下面（　　　）滤镜只对 RGB 图像起作用。

　　A．马赛克　　　　　　B．光照效果　　　　　C．波纹　　　　　　　D．浮雕效果

2. 当你要对文字图层执行滤镜操作时，首先应当（　　　）。

　　A．栅格化文字图层

　　B．在滤镜菜单下选择一个滤镜命令

　　C．确认文字层和其他图层有链接

　　D．使得这些文字变成选取状态，然后在滤镜菜单下选择一个滤镜命令

3. "网状"效果属于下列（　　　）滤镜。

　　A．画笔描边　　　　　B．素描　　　　　　　C．风格化　　　　　　D．渲染

4. 如果扫描的图像不够清晰，可用下列（　　　）滤镜弥补。

　　A．风格化　　　　　　B．杂色　　　　　　　C．扭曲　　　　　　　D．锐化

5. 当你的图像是（　　　）模式时，所有的滤镜都不可以使用。

　　A．CMYK　　　　　　B．灰度　　　　　　　C．多通道　　　　　　D．索引颜色

6. 在执行滤镜命令的过程中，中途取消操作的快捷键是（　　　）。

　　A．Shift　　　　　　　B．Esc　　　　　　　C．Alt　　　　　　　　D．Return

7. 下列（　　　）滤镜可以减少渐变中的色带（即颜色过渡不平滑）。

　　A．杂色　　　　　　　B．扩散　　　　　　　C．置换　　　　　　　D．锐化

8. 滤镜中的"木刻"效果属于（　　　）类型的滤镜。

　　A．风格化　　　　　　B．渲染　　　　　　　C．艺术效果　　　　　D．纹理

9. 下列（　　　）模式可使用的内置滤镜最多。

　　A．RGB　　　　　　　B．CMYK　　　　　　C．索引颜色　　　　　D．灰度

10. Photoshop 中重复使用上一次用过的滤镜应按（　　　）键。

　　A．Ctrl＋F　　　　　　　　　　　　　　　　B．Alt＋F

C．Ctrl＋Shift＋F　　　　　　　　　　　D．Alt＋Shift＋F

二、判断题

1．"风"属于扭曲类滤镜效果。　　　　　　　　　　　　　　　　　　　（　　　）
2．不能将滤镜应用于位图模式。　　　　　　　　　　　　　　　　　　（　　　）
3．只有极少数的滤镜可用于 16 位/通道图像。　　　　　　　　　　　　（　　　）

三、实践题

1．制作如图 9-102 所示的钢板刻字效果图。
提示：钢板的制作用到滤镜的添加杂色和动感模糊。

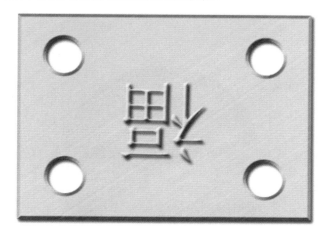

※ 图 9-102　钢板刻字效果图

2．试利用杂色滤镜及动感模糊滤镜制作如图 9-103 所示的布料效果图。

※ 图 9-103　布料效果图

3．绘制如图 9-104 所示的火焰字效果图。
提示：大致过程为，先用滤镜及调色工具将文字进行特殊处理，然后用涂抹工具涂抹火焰效果，最后调整颜色即可。

※ 图 9-104　火焰字效果图

4. 绘制如图 9-105 所示的汉堡图像。

※ 图 9-105　汉堡图像

5. 试用如图 9-106 所示素材制作如图 9-107 所示的效果图。

※ 图 9-106　原图像

※ 图 9-107　效果图

你知道吗

　　在 Photoshop 软件中，不仅可以进行平面的制作，还可以将文字或图像加工成三维效果的立体图像，制作出来的效果与平面相结合时可以更加具有立体层次感；不仅可以制作静态的画面，还可以制作动态的画面。Photoshop 的这些功能使它对图像的处理更加专业和强大。

学习目标

- 熟知 3D 的基本知识
- 学会创建并存储 3D 文件
- 学会 3D 效果的设置
- 了解 3D 模型的渲染
- 认识时间轴面板
- 学会创建与编辑动画

项目任务 10-1 使用 3D 功能

探索时间

　　Photoshop 在对于三维处理特效时，在菜单栏中有单独的 3D 菜单，同时还配备了 3D 面板，在 Photoshop CS6 中可以根据新增加的属性面板对 3D 的凸纹进行更加直观的处理，使用户可以使用材质进行贴图，制作出质感逼真的 3D 图像，进一步推进了 2D 与 3D 的完美结合。平时我们所看到的一些立体感、质感超强的 3D 图像，现在在 Photoshop CS6 中就可以轻松地实现。

1. 3D 的基本知识

　　3D 是指三个维度（三个坐标），即长、宽、高，换句话说，就是立体，是相对于只有长和宽的平面（2D）而言。

　　要制作立体图像（3D 图像），需要了解 3D 图像形成的原理，即立体原理（两眼视觉差原理）：因为人的两只眼睛之间有距离，观察现实物体时，两眼观察物体的角度有差异，即左、右两眼同时看到的同一物体因有视差的存在而略有不同，左眼看到的物体左面多一些，右眼看到的物体右面多一些，反映到大脑里，呈现出立体图像的感觉。简单表现在画面上，主要从以下

因素去体现：事物的阴影，相对大小，高低对比；物体表面质地过渡；物体运动的连续性；物体形状，色彩、亮度、对比度；物体的透视性等。

一个 3D 文件包含以下组件。

- 网格：提供 3D 模型的底层结构。网格看起来是由成千上万个单独的多边形框架结构组成的线框。3D 模型通常至少包含一个网格，也可能包含多个网格。在 Photoshop CS6 中，可以在多种渲染模式下查看网格，也可以分别对每个网格进行操作。需要注意的是，要编辑 3D 模型本身的多边形网格，必须使用 3D 创作程序。
- 材质：一个网格可具有一种或多种相关的材质，材质控制整个网格的外观或局部网格的外观。这些材质构建于纹理映射，它们的积累效果可创建材质的外观。纹理映射是 2D 图像文件，可以产生各种品质，如颜色、图案、反光度或崎岖度。Photoshop 材质最多可使用 9 种不同的纹理映射来定义其整体外观。
- 光源：类型包括无限光、聚光灯、点光以及环绕场景的基于图像的光。
- 3D 相机：使用 3D 相机可以改变与物体的视图关系，通过移动 3D 相机的位置可以得到最合适的图像效果。

2．3D 文件的创建与存储

Photoshop 可以打开的 3D 格式包括以下类型：U3D、3DS、OBJ、DAE（Collada）和 KMZ（Google Earth）。

（1）3D 文件的创建。

可以通过以下两种方法打开 3D 文件。

- 选择文件→打开命令，在弹出的打开对话框中，选择需要打开的 3D 文件。注意，打开对话框中的文件类型选择"所有文件"。
- 若在已打开的文件中添加 3D 文件，则选择 3D→从 3D 文件新建图层命令，在弹出的打开对话框中，选择需要添加的 3D 文件。该 3D 模型将形成新的图层显示。

（2）3D 文件的存储。

3D 文件制作完成后，要保留文件中的 3D 内容，则需要用受支持的 3D 文件格式将 3D 图层导出为文件。具体操作步骤如下：

- 选择 3D→导出 3D 图层命令。
- 选择导出纹理的格式。U3D 和 KMZ 支持 JPEG 或 PNG 作为纹理格式，DAE 和 OBJ 支持所有 Photoshop 支持的用于纹理的图像格式。
- 单击确定按钮。

3．设置 3D 效果

（1）设置 3D 场景。

通过设置 3D 场景可以更改渲染模式和改变对象上的纹理。3D 场景主要用于放置图像中的对象以及网格等物体的虚拟空间。

设置 3D 场景的方法为：选择窗口→3D 命令，在打开的 3D 面板中单击 ▦ 按钮，在其下方的列表框中选择场景选项，如图 10-1 所示，在打开的属性面板中即可进行 3D 场景属性设置，如图 10-2 所示。

※ 图 10-1　3D 面板

※ 图 10-2　场景的属性面板

（2）设置 3D 网格。

3D 模型中的每个网格都出现在 3D 面板顶部的单独线条上。选择网格，可访问网格设置和 3D 面板底部的信息。这些信息包括：应用于网格的材质和纹理数量，以及其中所包含的顶点和表面的数量。用户还可以设置以下网格显示选项。

● 捕捉阴影：控制选定网格是否在其表面上显示其他网格所产生的阴影。

● 投影：控制选定网格是否投影到其他网格表面上。

● 不可见：隐藏网格，但显示其表面的所有阴影。

● 阴影不透明度：控制选定网格投影的柔和度。在将 3D 对象与下面的图层混合时，该设置特别有用。

提示　　　　　　　　　　　　　　　　　　　　　　● ● ●

　　要在网格上捕捉地面所产生的阴影，请选择 3D→地面阴影捕捉器。要将这些阴影与对象对齐，请选择 3D→将对象贴紧地面。

（3）设置 3D 材质。

3D 面板顶部列出了在 3D 文件中使用的材质。可使用一种或多种材质来创建模型的整体外观。如果模型包含多个网格，则每个网格可能会有与之关联的特定材质。或者模型可能是通过一个网格构建的，但在模型的不同区域中使用了不同的材质。对于 3D 面板顶部选定的材质，底部会显示该材质所使用的特定纹理映射。以前膨胀材质为例来介绍属性面板的各项参数，如图 10-3 所示。

● 漫射：材质的颜色。漫射映射可以是实色或任意 2D 内容。如果选择移去漫射纹理映射，则"漫射"色板值会设置漫射颜色。还可以通过直接在模型上绘画来创建漫射映射。

● 镜像：为镜面属性显示的颜色。

● 发光：定义不依赖于光照即可显示的颜色。创建从内部照亮 3D 对象的效果。

● 环境：设置在反射表面上可见的环境光的颜色。该颜色与用于整个场景的全局环境色相互作用。

- 闪亮：定义"光泽"设置所产生的反射光的散射。低反光度（高散射）产生更明显的光照，而焦点不足；高反光度（低散射）产生较不明显、更亮、更耀眼的高光。

- 反射：增加 3D 场景、环境映射和材质表面上其他对象的反射。

- 粗糙度：指加工表面具有的较小间距和微小峰谷的不平度。

- 凹凸：在材质表面创建凹凸，无须改变底层网格。凹凸映射是一种灰度图像，其中较亮的值创建突出的表面区域，较暗的值创建平坦的表面区域。用户可以创建或载入凹凸映射文件，或开始在模型上绘画以自动创建凹凸映射文件。

- 不透明度：增大或减小材质的不透明度（在 0～100% 范围内）。可以使用纹理映射或小滑块来控制不透明度。纹理映射的灰度值控制材质的不透明度。白色值创建完全的不透明度，而黑色值创建完全的透明度。

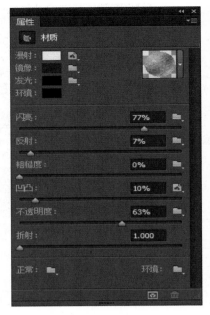

图 10-3　前膨胀材质属性面板

- 折射：在场景"品质"设置为"光线跟踪"且"折射"选项已在 3D→渲染设置对话框中选中时设置折射率。两种折射率不同的介质相交时，光线方向发生改变，即产生折射。

- 正常：像凹凸映射纹理一样，正常映射会增加表面细节。与基于单通道灰度图像的凹凸纹理映射不同，正常映射基于多通道（RGB）图像。每个颜色通道的值代表模型表面上正常映射的 x、y 和 z 分量。正常映射可用于使低多边形网格的表面变平滑。

- 环境：存储 3D 模型周围环境的图像。环境映射会作为球面全景来应用。可以在模型的反射区域中看到环境映射的内容。

提示

要避免环境映射在给定的材质上产生反射，请将"反射"更改为 0%，并添加遮盖材质区域的反射映射，或移去用于该材质的环境映射。

（4）设置 3D 光源。

3D 场景本身是没有光源的，因此整个对象显得毫无光感。设置 3D 光源可在不同角度为对象增加光源照亮对象，并增加对象的立体感与真实感。Photoshop 中提供了 3 种类型的光源，分别为点光、聚光灯及无线光。

设置 3D 光源的方法为：在 3D 面板顶部单击█按钮，在其下方的列表框中选择需要设置的光源选项，在打开的属性面板中，可设置对象的光照类型、强度和颜色等效果。

4．渲染 3D 模型

若想得到高清晰度的图像，在处理完成 3D 效果后还需要对 3D 对象进行渲染。渲染后的图像，对象光照效果更佳，并减少了影音中的杂色。

渲染 3D 模型的方法是：在图层面板中选择需要渲染的 3D 图层，选择 3D→渲染命令。需要注意的是，一般渲染需要大量的时间，其具体时间需要根据 3D 图层中对象、灯光、阴影等情况而定，若想终止渲染按 Esc 键。

⁑动手做　制作立体字效果

（1）打开素材图片，如图 10-4 所示，使用横排文字工具 **T** 在素材中输入英文"Photoshop CS6"，如图 10-5 所示。

※ 图 10-4　素材图片

※ 图 10-5　输入文字

（2）打开 3D 面板，如图 10-6 所示，在 3D 面板中选择 3D 凸出单选框，单击创建按钮，如图 10-7 所示，文字图层会变成立体效果，再使用旋转 3D 对象工具 🔄 旋转对象，使立体效果更加明显。

※ 图 10-6　3D 面板

※ 图 10-7　文字效果

（3）在 3D 面板中单击显示 3D 网格和 3D 凸出按钮，在属性面板中设置参数，并单击形状预设后面的下拉三角形，出现形状预设选框，如图 10-8 所示。

（4）选择前膨胀材质，设置"前膨胀材质"为"木灰"，如图 10-9 所示。选择凸出材质，设置"凸出材质"为"棋盘"，如图 10-10 所示。

（5）此时的 3D 效果如图 10-11 所示。

（6）在菜单中执行图层→图层样式→投影命令，打开"投影"界面，其中的参数设置如图 10-12 所示。设置完毕单击确定按钮，最终效果如图 10-13 所示。

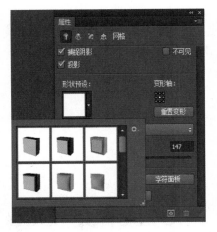

≫ 图 10-8 属性面板

≫ 图 10-9 设置木灰材质

≫ 图 10-10 设置棋盘材质

≫ 图 10-11 文字效果图

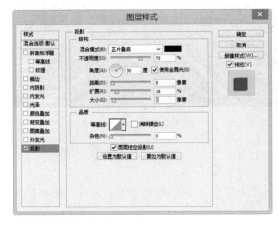

≫ 图 10-12 投影参数设置

≫ 图 10-13 立体字效果图

项目任务 10-2 ▶ 动画制作

探索时间

动画是在一段时间内显示的一系列图像或帧。每一帧较前一帧都有轻微的变化，当连续、快速地显示这些帧时就会产生运动或其他变化的错觉。

1. 时间轴面板

时间轴面板，显示文档各个图层的帧持续时间和动画属性，通过在时间轴中添加关键帧的方式，设置各个图层在不同时间的变化情况，从而创建出动画效果，如图 10-14 所示为时间轴面板。

※ 图 10-14　时间轴面板

2. 创建与编辑动画

（1）创建新帧。

选择窗口→图层命令及窗口→时间轴命令，使图层面板与时间轴面板出现在工作界面中。这时在时间轴面板出现的就是第 1 帧，如图 10-15 所示，也是程序默认的图片正常状态。单击时间轴面板下方的复制当前帧按钮，就可以建立第 2 帧，如图 10-16 所示。

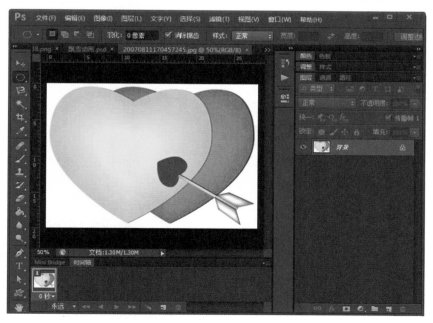

※ 图 10-15　原时间轴面板

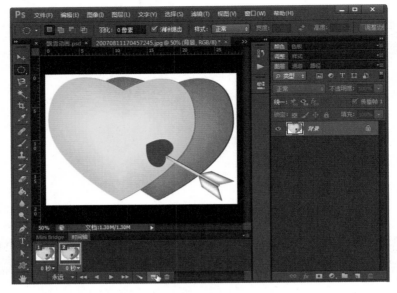

※ 图 10-16　复制帧后的时间轴面板

（2）预览与存储。

在时间轴面板每一帧的下部单击"秒"字右边的小倒三角形，选择希望每一帧显示的时间（0～240 秒，可以自己调整）。最后，单击时间轴面板中的播放按钮，就可以直接测试动画效果，并可以选择文件→存储为 Web 和设备所用格式命令，将我们的成果保存起来。

也可以打开任意一幅 GIF 动画图片，对每一帧进行编辑修改。与 Fireworks 比较，Photoshop 的界面更加友好，操作更加简便。

图 10-17　原图片素材

※ 动手做　制作飘雪动画

（1）选择文件→打开命令或按 Ctrl+O 组合键，打开原图片素材，如图 10-17 所示。

（2）新建"图层 1"，按 D 键将前景色与背景色恢复为默认前景色与背景色，选择滤镜→渲染→云彩命令，如图 10-18 所示，单击确定按钮，得到如图 10-19 所示的效果。

※ 图 10-18　选择云彩命令

※ 图 10-19　云彩效果图

（3）选择滤镜→渲染→分层云彩命令，如图 10-20 所示，单击确定按钮，得到如图 10-21 所示的效果。

※图 10-20　选择分层云彩命令

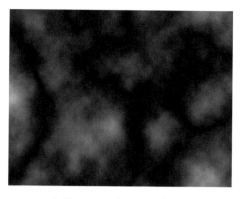

※图 10-21　分层云彩效果图

（4）选择滤镜→风格化→风命令，如图 10-22 所示，在弹出的风对话框中设置参数，如图 10-23 所示，单击确定按钮，得到如图 10-24 所示的效果。

※图 10-22　选择风命令

※图 10-23　风参数设置

※图 10-24　风效果图

（5）选择滤镜→模糊→高斯模糊命令，如图 10-25 所示，在弹出的高斯模糊对话框中，参数设置如图 10-26 所示，设置"半径"为"10 像素"，单击确定按钮，效果如图 10-27 所示。

※ 图 10-25　选择高斯模糊命令

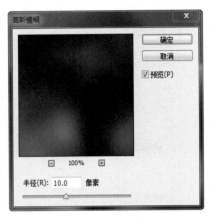

※ 图 10-26　高斯模糊参数设置

※ 图 10-27　高斯模糊效果图

（6）选择工具箱中的魔棒工具，其属性栏设置及建立的选区如图 10-28 所示。切换到路径面板，单击从选区生成到工作路径按钮，如图 10-29 所示，创建工作路径。按 Ctrl+D 组合键取消选区，如图 10-30 所示。在路径面板空白处单击可以隐藏路径。

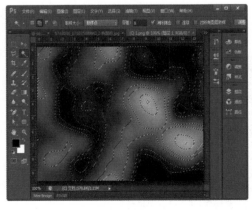

※ 图 10-28　建立选区

※ 图 10-29　创建工作路径

（7）选择画笔工具，单击属性栏中画笔预设选项器后的下拉三角形按钮，如图 10-31 所示，选择混合画笔命令，打开画笔面板，选择其中的"雪花状"笔尖，并设置"间距"为"400"，如图 10-32 所示。

（8）切换前景色与背景色，新建"图层 2"，在路径面板中使用画笔描边路径按钮进行描边，效果如图 10-33 所示。

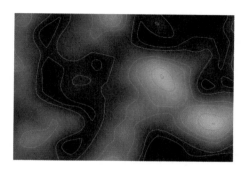

≫ 图 10-30 取消选区

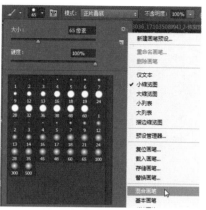

≫ 图 10-31 选择混合画笔命令

≫ 图 10-32 画笔选择

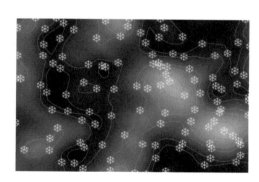

≫ 图 10-33 描边效果

（9）按照步骤 8，再新建两个图层，将笔尖间距分别设为"600"和"700"，并进行描边，如图 10-34 所示，然后将"图层 1"删除，隐藏路径，得到如图 10-35 所示效果。

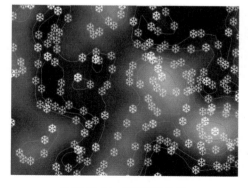

≫ 图 10-34 再次描边效果

≫ 图 10-35 删除图层 1

（10）选择滤镜→模糊→动感模糊命令，如图 10-36 所示，参数设置如图 10-37 所示，分别对图层 2、3、4 进行动感模糊处理，得到如图 10-38 所示的效果。

≫ 图 10-36　选择动感模糊命令

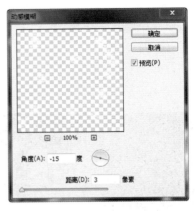

≫ 图 10-37　动感模糊参数设置

≫ 图 10-38　效果图

（11）将时间轴面板打开，此时只有一帧，如图 10-39 所示。在图层面板中将图层 2、3 设置为"不可见"，单击时间轴面板中的复制所选帧按钮，选择第 2 帧，设置图层 3 为"可见"，图层 2、4 为"不可见"，再复制出第 3 帧，选择第 3 帧，设置图层 2 为"可见"，图层 3、4 为"不可见"，此时时间轴面板如图 10-40 所示。

≫ 图 10-39　时间轴面板

≫ 图 10-40　复制帧图片

（12）选中第 1 帧，单击时间轴面板下方的过渡动画帧按钮，参数设置如图 10-41 所示，在第 1 帧与第 2 帧中插入 3 个过渡帧；同样，在第 2 帧与第 3 帧中插入 3 个过渡帧，如图 10-42 所示。

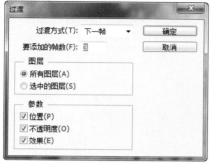

>> 图 10-41　参数设置（1）

>> 图 10-42　插入过渡帧

（13）过渡帧插入完成后，最后一帧还应该设置过渡效果。同样，单击过渡动画帧按钮，在过渡对话框中设置参数，如图 10-43 所示。然后，设置延迟时间为"0.2 秒"，得到的时间轴面板如图 10-44 所示。

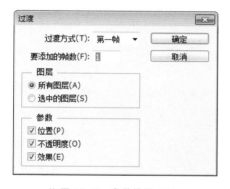

>> 图 10-43　参数设置（2）

>> 图 10-44　时间轴面板

（14）单击播放动画按钮，就可以观看效果了，如图 10-45 所示。然后选择文件→存储为 Web 所用格式命令，将图像存储为 GIF 格式，动画效果见"雪景效果.gif"。

>> 图 10-45　飘雪动画效果图

课后练习与指导

一、选择题

1. 以下对 Web 图像格式的叙述中错误的是（　　　）。

    A．GIF 是基于索引色表示的图像格式，它可以支持上千种颜色

    B．JPEG 适合于诸如照片之类的具有丰富色彩的图像

    C．JPEG 和 GIF 都是压缩文件格式

    D．GIF 支持动画，而 JPEG 不支持

2. 3D 的含义是（　　　）。

    A．3 Dimensions　　　B．3 Done　　　　　　C．3 Dix　　　　　　　　D．3 Dman

3. "动画"面板有（　　　）。

    A．"动画（帧）"一种面板

    B．"动画（时间轴）"一种面板

    C．"动画（帧）"和"动画（时间轴）"两种面板

    D．以上都不对

4. 当使用 JPEG 作为优化图像的格式时（　　　）。

    A．JPEG 虽然不能支持动画，但比其他的文件格式（GIF 和 PNG）所产生的文件一定小

    B．当图像颜色数量限制在 256 色以下时，JPEG 文件总比 GIF 的大一些

    C．图像质量百分比值越高，文件尺寸越大

    D．图像质量百分比值越高，文件尺寸越小

5. 图像优化是指（　　　）。

    A．把图像处理得更美观一些

    B．把图像尺寸放大使观看更方便一些

    C．使图像质量和图像文件大小两者的平衡达到最佳，也就是说在保证图像质量的情况下使图像文件达到最小

    D．把原来模糊的图像处理得更清楚一些

6. 在使用过渡功能制作动画时，以下哪项是不能实现的？（　　　）

    A．可以实现层中图像的大小变化　　　　　B．可以实现层透明程度的变化

    C．可以实现层效果的过渡变化　　　　　　D．可以实现层中图像位置的变化

7. 想要保存动画图像文件，应选择"文件"菜单中的（　　　）命令。

    A．存储（S）

    B．存储为 A．…

    C．存储为 Web 和设备所用格式 D．…

    D．以上都不对

8. 通过选择"文件"→"存储为 Web 和设备所用格式（D）…"命令保存的动画图像文件格式是（　　　）。

    A．.EXE　　　　　　B．.PSD　　　　　　C．.JPEG　　　　　　D．.GIF

二、判断题

1．普通 2D 图层可以转换为 3D 图层。　　　　　　　　　　　　　（　　　）

2．"动画（帧）"面板不能切换到"动画（时间轴）"面板。　　　　　（　　　）

3．影响文件大小的几个重要因素是分辨率、图像尺寸、颜色数目和图像格式。　（　　　）

三、实践题

1．制作如图 10-46 所示的立体字效果图。

提示：用 3D 工具制作立体字是非常快的，大致过程为，先输入文字，用 3D 工具做出简单的透视，然后给各个面增加材质，最后加上光照效果，再渲染颜色即可。

≫图 10-46　立体字效果图

2．制作如图 10-47 至图 10-50 所示的光束的动画效果图。

提示：画笔用渐隐，设置内发光和外发光。在时间轴里，设置第一帧，线条层不透明度为 40%，第二帧为 100%。然后再点帧过渡，3 帧，帧延时为 0。

≫图 10-47　效果图（1）

≫图 10-48　效果图（2）

≫图 10-49　效果图（3）

≫图 10-50　效果图（4）

3．制作如图 10-51 所示的海报效果图。

提示：（1）背景用渐变色填充；（2）选择自定义形状工具靶标；（3）与背景层叠加并调节其不透明度；（4）在 3D 环境中书写文字，结合橡皮擦工具得到所示效果。

※ 图 10-51　海报效果图

4．制作如图 10-52 所示的霓虹灯字效果图。

※ 图 10-52　效果图

5．在如图 10-53 所示的图片上制作立体字，得到如图 10-54 所示的效果。

※ 图 10-53　原图片

※ 图 10-54　效果图

模 块

11

综合案例实训

你知道吗

随着学习的深入，你会发现 Photoshop CS6 的功能是十分强大的，它不仅可以用于修复照片，也可以制作商业广告，还可以制作各式各样的卡片、海报等，可以说它占据了平面设计的大部分市场。本章将向大家介绍两个综合性的案例，通过边学边练更深地领会 Photoshop 的无穷魅力。

学习目标

- 巧妙使用标尺与参考线
- 熟练掌握绘图工具的使用
- 学会建立选区的方法
- 熟练掌握填充工具的使用
- 熟练掌握移动工具的使用
- 熟练掌握图像的色彩模式
- 熟练掌握图层面板的使用
- 熟练掌握图层样式的使用
- 熟练掌握画笔工具的使用
- 熟练掌握钢笔工具的使用
- 熟练掌握变形工具的使用
- 熟练掌握文字工具的使用
- 熟练掌握滤镜工具的使用
- 学会平面坐标到极坐标的变换
- 熟练掌握路径工具的使用
- 熟练运用快捷键

项目任务 11-1 制作冰激凌雪糕

探索时间

学习 Photoshop CS6 有半个多学期的时间了，小明想给大家露一手，他决定不从网上找任何素材，在一张空白的文档上用 Photoshop CS6 制作一个"冰激凌雪糕"，一起来学习他是怎么做的。

❖ 动手做　冰激凌雪糕

制作冰激凌雪糕的步骤为：

（1）打开 Photoshop CS6，选择文件→新建命令或按 Ctrl+N 组合键，出现新建对话框。设置"名称"为"冰激凌"，"宽度"和"高度"分别为"1000 像素"和"1000 像素"，"分辨率"为"300 像素/英寸"，"颜色模式"为"8 位 RGB 颜色"，"背景内容"为"白色"，如图 11-1 所示。

图 11-1　新建文件

（2）选择工具栏中的矩形工具，如图 11-2 所示，并在属性栏中设置为"路径"，在画布上单击会出现创建矩形对话框，具体参数设置如图 11-3 所示。单击确定按钮，即可得到如图 11-4 所示的矩形。然后按 Ctrl+R 组合键打开标尺，拖出如图 11-5 所示的参考线。

≫ 图 11-2　选择矩形工具命令

≫ 图 11-3　矩形参数设置

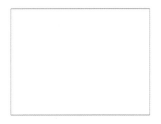

≫ 图 11-4　矩形效果图

≫ 图 11-5　添加参考线

（3）新建一个图层命名为"巧克力"，设置前景色为"巧克力色"，选择圆角矩形工具，并在属性栏中设置为形状图层，在场景中绘制一个半径为"125"的圆角矩形，如图 11-6 所示。

（4）按 Ctrl+T 组合键进入自由变换模式，对图形设定变换的角度为"-55"度，水平倾斜"-25"度，进行如图 11-7 所示的变换。变换后单击确定按钮，然后在"巧克力"图层上右击并选择栅格化图层命令，如图 11-8 所示，对图层进行栅格化。

（5）为巧克力增加立体感。按 Alt+Ctrl+O 组合键确保画布上是 100%显示。然后按住 Alt 键的同时单击向右键 89 次，直到图层面板上出现"巧克力　副本 89"，如图 11-9 所示。

（6）在图层面板中选中"巧克力　副本 88"，按住 Shift 键不放单击"巧克力　副本"层即可将两者之间的图层全部选中，按 Ctrl+E 组合键将图层合并，此时图层面板如图 11-10 所示。
然后把巧克力图层移到最上面，把副本 89 图层移到合并后的副本 88 图层下面，得到如图 11-11
所示的效果。

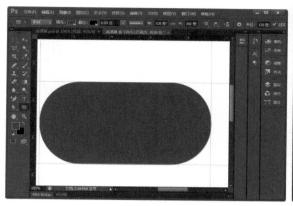

» 图 11-6　绘制圆角矩形

» 图 11-7　自由变换

» 图 11-8　栅格化图层

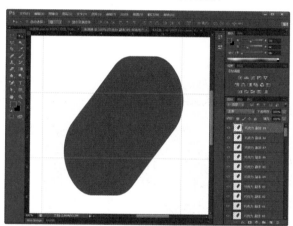

» 图 11-9　复制并移动巧克力层效果

» 图 11-10　合并图层

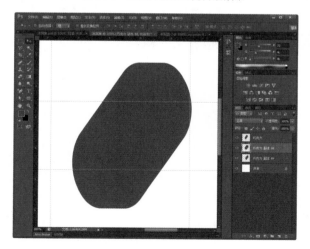

» 图 11-11　调整图层顺序

（7）选择"巧克力 副本88"图层，按 Ctrl+U 组合键打开色相/饱和度对话框，把明度设置为"-35"，如图 11-12 所示，得到如图 11-13 所示的效果。

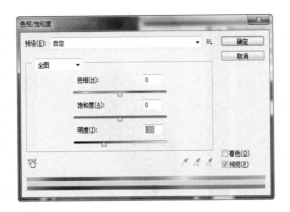

≫ 图 11-12　色相/饱和度对话框　　　　　　　≫ 图 11-13　效果图（1）

（8）选择椭圆选框工具，在属性栏中设置样式为"固定大小"，然后设置高和宽都为 230 像素，在场景中单击鼠标左键得到椭圆选区，如图 11-14 所示。

（9）设置完选区后在选区上右击选择变换选区，并在属性栏中设置角度为"-55"度和水平倾斜"-25"度，将选区移动到如图 11-15 所示的位置。

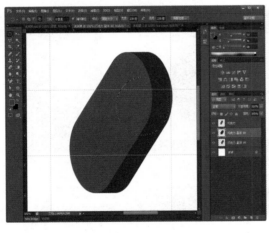

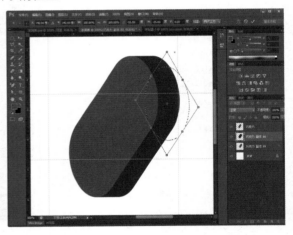

≫ 图 11-14　建立选区　　　　　　　　　　　≫ 图 11-15　变换选区

（10）按住 Ctrl+Alt+Shift 组合键不放，单击巧克力图层，得到如图 11-16 所示选区。

（11）保留选区，新建一个名为"吃"的图层，并将其填充成绿色，如图 11-17 所示，按 Ctrl+D 组合键取消选区。

（12）再次按 Alt+Ctrl+O 组合键确保画布上为 100% 显示，选择移动工具，然后按住 Alt 键的同时单击向右键 90 次，复制 90 个图层，如图 11-18 所示。在控制面板中，用与前面相同的方法把除"吃 副本90"外的全部吃的图层选中，按 Ctrl+E 组合键合并，如图 11-19 所示。

（13）隐藏"吃 副本89"图层与"吃 副本90"图层，如图 11-20 所示，按住 Ctrl 键不放单击"吃 副本90"图层将其载入选区，如图 11-21 所示。

（14）保留选区，单击"巧克力 副本 89"图层，按 Delete 键把选区内的部分删掉，然后再载入"吃 副本 89"图层的选区，如图 11-22 所示。分别单击"巧克力"图层和"巧克力 副本 88"图层，把选区内的部分删掉，得到如图 11-23 所示的效果，然后取消选区。

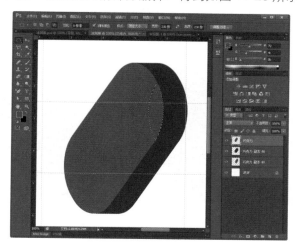

≫ 图 11-16 新选区

≫ 图 11-17 填充颜色

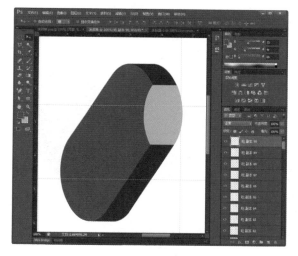

≫ 图 11-18 移动并复制图层

≫ 图 11-19 合并图层

≫ 图 11-20 隐藏图层

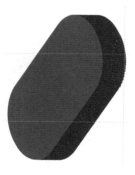

≫ 图 11-21 载入选区

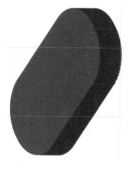

≫ 图 11-22 再次载入选区

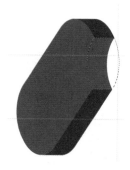

≫ 图 11-23 删除选区

（15）选择"巧克力 副本 89"图层，按 Ctrl+U 组合键打开色相/饱和度对话框，设置明度为"-25"，如图 11-24 所示，单击确定按钮，得到如图 11-25 所示的效果。

（16）载入"吃 副本 89"图层选区，按住 Ctrl+Alt+Shift 组合键不放单击"巧克力 副本 89"图层，得到如图 11-26 所示选区，确保选中的是"巧克力 副本 89"图层，按 Ctrl+J 组合键复制一个新的图层，命名为"夹心"。

≫ 图 11-24　设置明度为-25　　　≫ 图 11-25　效果图（2）　　　≫ 图 11-26　重建选区

（17）复制"夹心"图层，命名为"白"，选中"白"图层，按 Ctrl+U 组合键打开色相/饱和度对话框，把明度设置为"75"，如图 11-27 所示。单击确定按钮，得到如图 11-28 所示的效果。

≫ 图 11-27　设置明度为 75　　　　　　　　　　　≫ 图 11-28　效果图（3）

（18）按住 Ctrl 键不放，单击"白"图层将其载入选区，按 Ctrl+Shift+I 组合键反向选择，然后按 5 下键盘上的向右键，把选区向右移动 5 像素，再按 Delete 键删除，如图 11-29 所示。然后按 10 下向左键，向左边移动 10 像素，再按 Delete 键删除，如图 11-30 所示。

（19）用同样的方法按向下键 5 次，删除上面的选区，如图 11-31 所示；再按向上键 10 次删除下面的选区，如图 11-32 所示。

≫ 图 11-29　删除左边选区　　≫ 图 11-30　删除右边选区　　≫ 图 11-31　删除上边选区　　≫ 图 11-32　删除下边选区

（20）选择"巧克力"图层，右击选择<u>混合选项</u>，设置"渐变叠加"图层混合模式，具体
参数设置如图 11-33 所示，单击<u>确定</u>按钮，得到如图 11-34 所示的效果。

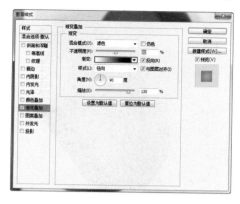

≫ 图 11-33　参数设置（1）

≫ 图 11-34　效果图（4）

（21）选择"夹心"图层，右击选择<u>混合选项</u>，设置"渐变叠加"图层混合模式，具体参
数设置如图 11-35 所示，单击<u>确定</u>按钮，得到如图 11-36 所示的效果。

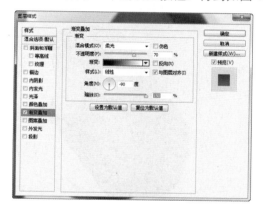

≫ 图 11-35　参数设置（2）

≫ 图 11-36　效果图（5）

（22）选择"白"图层，右击选择<u>混合选项</u>，设置"渐变叠加"图层混合模式，具体参数
设置如图 11-37 所示，单击<u>确定</u>按钮，得到如图 11-38 所示的效果。

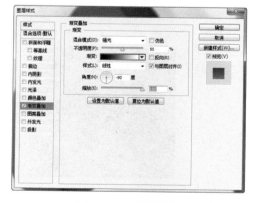

≫ 图 11-37　参数设置（3）

≫ 图 11-38　效果图（6）

（23）载入"巧克力"图层为选区，新建一个名为"突出"的图层，选择编辑→描边命令，设置描边色为"白色"，宽度为"2"像素，位置居中，如图11-39所示，单击确定按钮，得到如图11-40所示的效果。

» 图11-39　参数设置（4）

» 图11-40　效果图（7）

（24）选择"突出"图层，用橡皮擦工具，设置直径为240像素，硬度为0，如图11-41所示，擦除左边、底部和咬的部分，最后把图层透明度设置为50%，得到如图11-42所示的效果。

» 图11-41　参数设置（5）

» 图11-42　效果图（8）

（25）在"突出"图层上创建一个新图层，命名为"纹理"，按 D 键设置前景色、背景色为默认颜色。在菜单栏中选择滤镜→渲染→云彩命令，效果如图11-43所示，再选择滤镜→渲染→分层云彩命令，效果如图11-44所示。接下来选择滤镜→扭曲→玻璃命令，参数设置及效果图如图11-45所示。

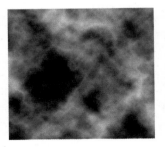

» 图11-43　云彩效果图

» 图11-44　分层云彩效果图

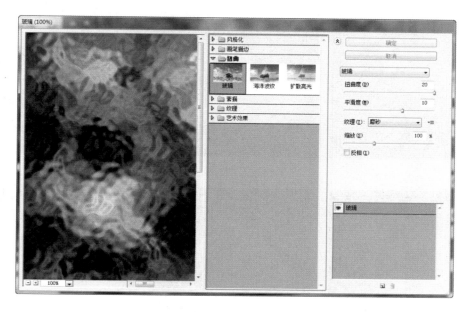

※图 11-45　参数设置及效果图

（26）将背景色填充成墨绿色，选择纹理图层，设置纹理层混合模式为"柔光"，然后按 Ctrl+T 组合键进行自由变换，设置角度为"-55"度，水平倾斜设置为"-25"度，得到如图 11-46 所示的效果。

（27）按住 Ctrl+Shift 组合键不放，用鼠标分别点选"巧克力"、"巧克力 副本 88"、"巧克力 副本 89"图层将其载入选区，如图 11-47 所示。在不取消选区的情况下选择"纹理"图层，按 Shift+F7 组合键反选，如图 11-48 所示，然后按 Delete 键删除，如图 11-49 所示，并按 Ctrl+D 组合键取消选择，把图层不透明度调整为 20%，得到如图 11-50 所示的效果。

（28）在"白"图层上新建一个图层，命名为"紫"，单击"夹心"图层载入选区，如图 11-51 所示。选择"紫"图层，确保选中选框工具，按住 Shift 键不放，按向右键三次移动 30 像素并填充紫色，如图 11-52 所示。按 Shift +向右键三次删除，如图 11-53 所示。现在，选择矩形选框工具，并选择紫色图案顶部的一部分，将其删除，底部也用同样的方法删除一部分，得到如图 11-54 所示的效果。

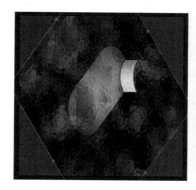

※图 11-46　自由变换

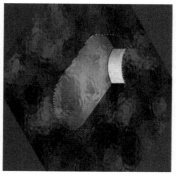

※图 11-47　载入选区（1）

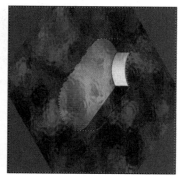

※图 11-48　反选

» 图 11-49　删除

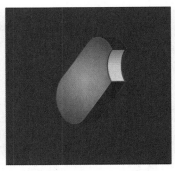

» 图 11-50　调整不透明度

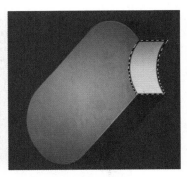

» 图 11-51　载入选区（2）

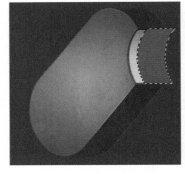

» 图 11-52　移动选区并填充颜色

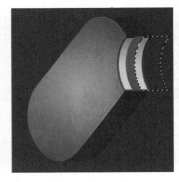

» 图 11-53　移动并删除

» 图 11-54　效果图（9）

（29）按住 Ctrl 键不放，单击紫色图层将其载入选区，转到通道面板，创建一个新的通道并填充白色，如图 11-55 所示，然后取消选择。在菜单栏中选择滤镜→模糊→高斯模糊命令，具体参数设置如图 11-56 所示，单击确定按钮，得到如图 11-57 所示的效果。

» 图 11-55　填充白色

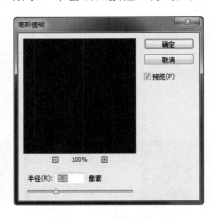

» 图 11-56　参数设置（6）

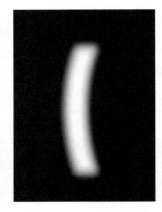

» 图 11-57　高斯模糊效果

（30）按 Ctrl+L 组合键打开色阶对话框，输入色阶值为 "125、1、150"，如图 11-58 所示，单击确定按钮，得到如图 11-59 所示的效果。最后，按住 Ctrl 键选择 "Alpha 1" 并将通道作为选区载入。

（31）返回 "紫" 图层面板，按 Shift+F7 组合键反选，然后按 Delete 键删除，最后把图层模式设置为正片叠底，得到如图 11-60 所示的效果。

※图 11-58　色阶参数设置

※图 11-59　效果图（10）

※图 11-60　效果图（11）

（32）把"紫"图层直接拉到创建新图层按钮上创建一个"紫 副本"图层，把"紫 副本"图层里的图形填充为白色，如图 11-61 所示。按住 Ctrl 键不放单击"紫"图层将其载入，确保选中选框工具后按向右键移动两个像素然后删除，如图 11-62 所示。下面，再次载入"紫"图层选区，选择"紫 副本"图层，在菜单栏中选择滤镜→模糊→高斯模糊命令，设置半径为 2 像素，如图 11-63 所示，单击确定按钮，得到如图 11-64 所示的效果图。

（33）下面开始制作冰激凌棒，重新选择文件→新建命令或按 Ctrl+N 组合键，打开新建对话框，设置"名称"为"棒"，"宽度"和"高度"分别为"90 像素"和"340像素"，"分辨率"为"300 像素/英寸"，"颜色模式"为"8 位 RGB 颜色"，"背景内容"为"白色"，如图 11-65 所示。

※图 11-61　为选区填充白色

※图 11-62　移动并删除选区

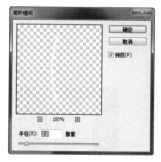

※图 11-63　参数设置（7）

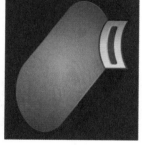

※图 11-64　效果图（12）

※图 11-65　新建文件

（34）按 Ctrl+A 组合键全选，然后按 Ctrl+T 组合键进入变形模式，按 Ctrl+R 组合键打开标尺，拉出如图 11-66 所示的参考线，然后按回车键取消变形。新建一个图层命名为"棒"，改变前景色为暗黄色，选择圆角矩形工具，设置半径为 40 像素，设置为形状图层，然后绘制如图 11-67 所示的一个矩形。

（35）选择添加描点工具，添加如图 11-68 所示的描点，然后用直接选择工具，调整描点如图 11-69 所示。调整好后，在图层上右击栅格化图层。

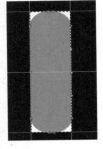

※ 图 11-66　绘制参考线　　※ 图 11-67　绘制矩形　　※ 图 11-68　添加描点　　※ 图 11-69　调整描点

（36）创建一个新图层命名为"纤维"，按 D 键设置为默认颜色。将图层填充为黑色，如图 11-70 所示。在菜单栏中选择滤镜→渲染→纤维命令，如图 11-71 所示，设置差异为 10，强度为 50，如图 11-72 所示，单击确定按钮，得到如图 11-73 所示的效果。

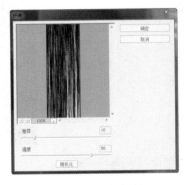

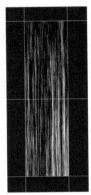

※ 图 11-70　填充黑色　※ 图 11-71　选择"纤维"命令　　※ 图 11-72　纤维参数设置　　※ 图 11-73　纤维效果

（37）将"纤维"层拖动到新建图层按钮，复制新图层，如图 11-74 所示。在菜单栏中选择编辑→变换→旋转 180 度命令，得到如图 11-75 所示的效果。设置"纤维 副本"图层的混合模式为线性减淡，效果如图 11-76 所示。选择两个纤维图层，按 Ctrl+E 组合键合并图层。

（38）按住 Alt 键不放，在"纤维"图层与"棒"图层的中间线位置点一下，效果如图 11-77 所示。然后在菜单栏中选择滤镜→锐化→USM 锐化命令，如图 11-78 所示，设置数量为 60，半径为 8 像素，阈值为 4 色阶，如图 11-79 所示。单击确定按钮，得到如图 11-80 所示的效果。

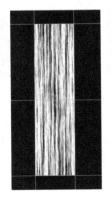

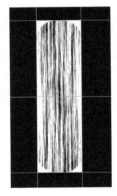

※ 图 11-74　复制图层　　※ 图 11-75　旋转效果　　※ 图 11-76　线性减淡　　※ 图 11-77　效果图（13）

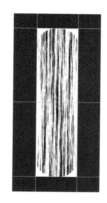

※ 图 11-78　选择 USM 锐化　　　※ 图 11-79　USM 锐化参数设置　　　※ 图 11-80　USM 锐化效果图

（39）在菜单栏中选择图像→图像旋转→90 度（顺时针）命令，如图 11-81 所示，设置纤维的混合模式为"柔光"，层不透明度为"40%"，效果如图 11-82 所示。

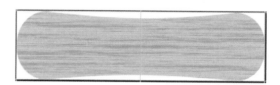

※ 图 11-81　选择旋转命令　　　　　　　　　　　※ 图 11-82　效果图（14）

（40）选择横排文字工具，在场景中输入"ice cream"，然后在菜单栏中选择图层→栅格化→文字命令，调整图层的混合模式为"变暗"，合并除背景层之外的所有图层即可得到如图 11-83 所示棒的部分。

（41）把合并后的棒拖到冰激凌原件里来，然后按 Ctrl+T 组合键进入变形模式，设置角度为"–55"度，水平倾斜为"–25"度，并摆放好位置，即可得到如图 11-84 所示的巧克力冰激凌效果图。

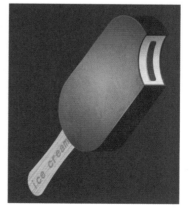

※ 图 11-83　棒的效果图　　　　　　　　　　　※ 图 11-84　巧克力冰激凌

项目任务 11-2 ▶ 制作 "心语" 卡片

探索时间

"学了 Photoshop CS6 之后我可以在节日期间给朋友们发送我自己的作品了，这要比在网上下载有意义得多"，小明高兴地说道。于是他自己设计了一张卡片，发给朋友后，朋友觉得很棒，就迫不及待地向小明请教制作过程，大家一起来学习一下吧。

※ 动手做 "心语" 卡片

制作心语卡片的步骤如下。

（1）打开 Photoshop CS6，选择文件→新建命令或按 Ctrl+N 组合键，打开新建对话框，设置 "宽度" 和 "高度" 分别为 "20cm" 和 "15cm"，"分辨率" 为 "150 像素/英寸"，"颜色模式" 为 "8 位 RGB 颜色"，"背景内容" 为 "白色"，如图 11-85 所示。

（2）打开背景文件图片，如图 11-86 所示，在菜单栏中执行图像→图像大小命令，查看图像大小。将背景图片的高度设置为 15cm，如图 11-87 所示。

（3）按 Ctrl+A 组合键将背景图片全选，选择移动工具将其移动至心语图像文件中，调整背景图片的位置，如图 11-88 所示。

※ 图 11-85　新建文件

※ 图 11-86　背景图片

※ 图 11-87　设置图像高度

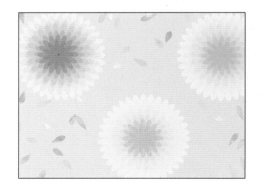

※ 图 11-88　移动背景图片

（4）在菜单栏中执行图像→调整→色相/饱和度命令，参数设置如图 11-89 所示，使图片色彩更加鲜艳，单击确定按钮，效果如图 11-90 所示。

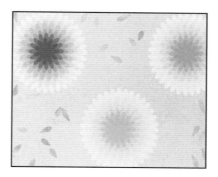

>> 图 11-89　色相/饱和度参数设置　　　　　　　>> 图 11-90　色相/饱和度效果图

（5）打开人物图片，如图 11-91 所示，用移动工具将其移动至心语图像文件中，按 Ctrl+T 组合键进行自由变换，并将其调整到合适的位置，如图 11-92 所示。将"图层 2"命名为"人物"，隐藏"图层 1"和"背景"图层，并复制"人物"图层，图层面板如图 11-93 所示，得到如图 11-94 所示的效果。

>> 图 11-91　人物图片　　　　　　　　　　　　>> 图 11-92　移动图片

>> 图 11-93　图层面板　　　　　　　　　　　　>> 图 11-94　效果图（1）

（6）打开通道控制面板，复制绿色通道，如图 11-95 所示。

（7）选择画笔工具，把前景色设置为纯白色（R255、G255、B255），如图 11-96 所示。

用画笔将人物部分涂白，注意不要有深浅效果，如图 11-97 所示。

（8）用缩放工具将局部变大并慢慢加白，注意人物的姿态。细节部分可以通过调整画笔工具选项栏中画笔主直径的大小和不透明度来进行控制，如图 11-98 所示。

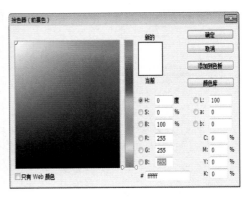

≫ 图 11-95　通道面板及效果　　　　　　　　　　　　≫ 图 11-96　设置前景色

≫ 图 11-97　用画笔涂抹　　　　　　　　　　　　≫ 图 11-98　细节涂抹

（9）在菜单栏中执行选择→色彩范围命令，具体参数设置如图 11-99 所示，单击确定按钮，按 Shift＋F7 组合键反选选区，得到如图 11-100 所示的效果。

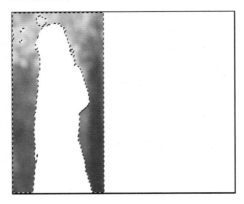

≫ 图 11-99　色彩范围参数设置　　　　　　　　　　≫ 图 11-100　反选选区（1）

（10）选择图层控制面板的"人物"图层副本，按 Delete 键删除选区，如图 11-101 所示。

※图 11-101　保留人物图像

（11）按 Ctrl+D 组合键取消选择。用缩放工具仔细地观察，并用橡皮擦工具调整不合适的局部画面，效果如图 11-102 所示。

※图 11-102　完善细节后的效果

（12）按 Ctrl+T 组合键将人物图层副本等比例缩放，如图 11-103 所示。

（13）新建一个"图层 2"，用框形工具选取框画一个方形，用渐变工具填充渐变选区，如图 11-104 所示。

※图 11-103　缩放人物图像

※图 11-104　渐变填充

（14）按 Ctrl+D 组合键取消选区，在菜单栏中执行滤镜→扭曲→波浪命令，参数设置如图 11-105 所示，单击确定按钮，得到如图 11-106 所示的效果。

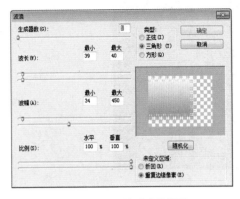

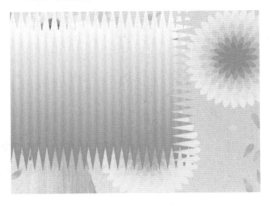

» 图 11-105　波浪参数设置

» 图 11-106　波浪效果图

（15）在菜单栏中执行滤镜→扭曲→极坐标命令，参数设置如图 11-107 所示，单击确定按钮，得到如图 11-108 所示的效果。

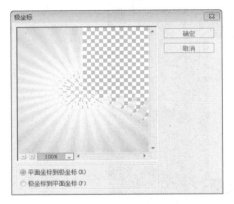

» 图 11-107　极坐标参数设置

» 图 11-108　极坐标效果图

（16）新建一个"图层 3"，选择渐变工具填充渐变，具体参数设置如图 11-109 所示，单击确定按钮，将"图层 3"在图层面板的模式设置为"柔光"，效果如图 11-110 所示。

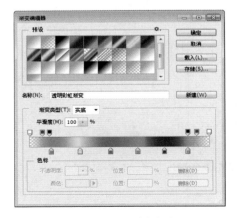

» 图 11-109　渐变填充参数设置

» 图 11-110　柔光效果图

（17）按住 Ctrl 键单击"图层 2"，选取"图层 2"的形状，按 Shift+F7 组合键反选选区，如图 11-111 所示，按 Delete 键删除，得到如图 11-112 所示的效果。

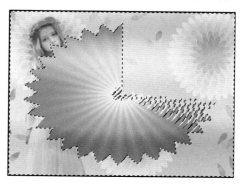

※ 图 11-111　反选选区（2）

※ 图 11-112　删除选区

（18）取消选择，合并"图层 3"和"图层 2"为"图层 2"，将其置于"人物 副本"图层下方，如图 11-113 所示。

（19）创建新图层，将该图层命名为"线条"，用矩形选框工具选取一个细长方形并填充颜色，如图 11-114 所示，按 Ctrl+D 组合键取消选区。在菜单栏中执行滤镜→模糊→动感模糊命令，具体参数设置如图 11-115 所示，单击确定按钮。

（20）按 Ctrl+T 组合键进行按比例缩放，将线条缩放得长而窄，如图 11-116 所示。

※ 图 11-113　调整图层位置

※ 图 11-114　建立选区并填充颜色

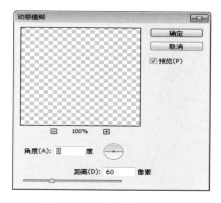

※ 图 11-115　动感模糊参数设置

※ 图 11-116　变幻线条

（21）在菜单栏中执行滤镜→扭曲→旋转扭曲命令，参数设置如图 11-117 所示，单击确定按钮，得到如图 11-118 所示的效果。

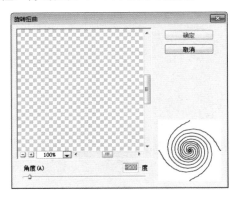

※ 图 11-117　旋转扭曲参数设置

※ 图 11-118　旋转扭曲效果图

（22）复制"线条"图层，按 Ctrl+T 组合键，将高度改为"-90"，角度改为 10°。第一步是定位，即将中心点放在右上角，系统将围绕此点；第二步是决定图形的形状，在这里将它旋转 10°；线条始终围绕一个点进行旋转复制，如图 11-119 所示。

（23）左手按住 Alt+Ctrl+Shift 组合键，右手连续按 T 键，一共复制 10 个"线条"副本层，图层面板如图 11-120 所示，得到如图 11-121 所示的效果。

（24）按 Ctrl+E 组合键，合并"线条"图层为一个图层，完成简单变换线的制作，用移动工具移至适当位置，如图 11-122 所示。

※ 图 11-119　线条旋转复制

※ 图 11-120　图层面板

※ 图 11-121　线条旋转复制效果

※ 图 11-122　移动图层

（25）用文字工具输入"心语"文字，打开字符控制面板，具体参数设置如图 11-123 所示，得到如图 11-124 所示的效果。

≫图 11-123　字符参数设置

≫图 11-124　效果图（2）

（26）为文字添加投影效果，最终得到如图 11-125 所示的"心语"卡片效果。

≫图 11-125　最终效果图

课后练习与指导

实践题

1．将如图 11-126 所示图片制作成如图 11-127 所示的效果图。

≫图 11-126　原图片

≫图 11-127　效果图

2. 根据图 11-128 所提供的图片素材，制作如图 11-129 所示"稻香村"礼盒图案。

≫ 图 11-128　图片素材

≫ 图 11-129　效果图

3. 假设封面开本尺寸为 210mm×297mm，打开图片素材（如图 11-130 所示），结合文字工具、图层样式等功能，制作如图 11-131 所示的杂志封面。

≫ 图 11-130　图片素材

≫ 图 11-131　效果图

4. 以绘制图形图层样式及图层蒙版等技术为主，制作一款卫生纸的包装。在本例中，读者无须考虑包装的具体尺寸，只要符合此类产品包装的常见比例即可，重点在于表现包装的内容，参考效果如图 11-132 所示。

5. 根据所学知识，设计如图 11-133 所示的 Windows 图标。

≫ 图 11-132　参考效果图

≫ 图 11-133　Windows 图标

反侵权盗版声明

电子工业出版社依法对本作品享有专有出版权。任何未经权利人书面许可，复制、销售或通过信息网络传播本作品的行为；歪曲、篡改、剽窃本作品的行为，均违反《中华人民共和国著作权法》，其行为人应承担相应的民事责任和行政责任，构成犯罪的，将被依法追究刑事责任。

为了维护市场秩序，保护权利人的合法权益，我社将依法查处和打击侵权盗版的单位和个人。欢迎社会各界人士积极举报侵权盗版行为，本社将奖励举报有功人员，并保证举报人的信息不被泄露。

举报电话：（010）88254396；（010）88258888

传　　真：（010）88254397

E-mail：　dbqq@phei.com.cn

通信地址：北京市万寿路 173 信箱

　　　　　电子工业出版社总编办公室

邮　　编：100036